FACHWISSEN FEUERWEHR

Kemper

TRUPPFÜHRER

Ausbildung gemäß FwDV 2

2. Auflage 2022

Bibliografische Informationen der deutschen Nationalbibliothek

Die Deutsche Nationalbibliothek verzeichnet diese Publikation in der Deutschen Nationalbibliografie; detaillierte bibliografische Daten sind im Internet über http://www.dnb.de abrufbar.

Bei der Herstellung des Werkes haben wir uns zukunftsbewusst für umweltverträgliche und wiederverwertbare Materialien entschieden. Der Inhalt ist auf chlorfrei gebleichtes Papier gedruckt.

Aus Gründen der besseren Lesbarkeit wird in diesem Werk die Sprachform des generischen Maskulinums angewendet. Es wird darauf hingewiesen, dass die ausschließliche Verwendung der männlichen Form geschlechtsunabhängig zu sehen ist.

ISBN 978-3-609-69523-5

E-Mail: kundenservice@ecomed-storck.de

Telefon: 089/2183-7922
Telefax: 089/2183-7620

2. Auflage 2022

Titelbilder: Thomas Drasel, Feuerwehrforum Wiesbaden112.de (oben links),
Sebastian Stenzel, Feuerwehrforum Wiesbaden112.de

Satz: Fotosatz Pfeifer, 82152 Krailling
Druck: CPI books GmbH, 25917 Leck

Vorwort

Die Anforderungen an die Angehörigen der Feuerwehren haben sich im Laufe der letzten Jahre erheblich verändert. Genügten in der Vergangenheit oftmals die Kenntnisse der normalen Brandbekämpfung, müssen heute selbst kleinere Feuerwehren die unterschiedlichsten Notlagen meistern können, um in Not geratene Menschen oder Tiere zu retten, Sachwerte zu erhalten und die Umwelt vor schädlichen Einwirkungen zu schützen.

Daher ist es erforderlich, dass alle Feuerwehrangehörigen umfassend ausgebildet werden. Dabei ergibt sich jedoch das Problem, dass diese Ausbildung von den meist ehrenamtlich tätigen Feuerwehrangehörigen zusätzlich zu den ebenfalls weiter steigenden Anforderungen in deren Berufsleben und den vielfältigen Verpflichtungen im privaten oder familiären Umfeld geleistet werden muss. Letztlich liegt es an den Feuerwehrangehörigen selbst, ob und in welchem Umfang sie bereit sind, sich durch eine regelmäßige und aktive Teilnahme an der angebotenen Aus- und Weiterbildung den gesteigerten Anforderungen an die Feuerwehren zu stellen.

Das Ziel der Broschürenreihe „Fachwissen Feuerwehr" besteht darin, die Feuerwehrangehörigen mit dem Wissen auszustatten, das in der heutigen Zeit erforderlich ist, um aufgabengerecht und wirkungsvoll in der Feuerwehr tätig zu werden. Diese Broschürenreihe richtet sich vor allem an die Feuerwehrangehörigen, die erstmals in das jeweilige Thema „einsteigen", aber auch an diejenigen, die sich ein solides Basiswissen aneignen möchten. Die Inhalte der Broschürenreihe entsprechen weitgehend den Inhalten und Vorgaben der Feuerwehr-Dienstvorschrift 2 (FwDV 2) „Ausbildung der Freiwilligen Feuerwehren" und den daraus abgeleiteten Lernzielkatalogen. Deshalb kann diese Broschürenreihe auch gut zur Vorbereitung und Begleitung der unterschiedlichen Aus- und Weiterbildungsmaßnahmen genutzt werden.

Die jeweiligen Texte und Abbildungen sind in leicht verständlicher Weise dargestellt, Hinweise und Merksätze filtern die für die Praxis wichtigen Informationen heraus.

Auf die Verwendung von speziellen Formeln und wenig gebräuchlichen Begriffen wird weitgehend verzichtet. Die Angaben technischer Daten erfolgt ohne Gewähr. Weiterhin gelten alle Funktionsbezeichnungen und personenbezogenen Begriffe sowohl für weibliche als auch für männliche Feuerwehrangehörige.

Die Truppausbildung der Feuerwehrangehörigen gliedert sich gemäß der Feuerwehr-Dienstvorschrift 2 (FwDV 2) in die Truppmannausbildung Teil 1 (Grundausbildungslehrgang), die standortbezogene Truppmannausbildung Teil 2 und den Lehrgang „Truppführer“. In dieser Broschüre „Truppführer“ werden die wesentlichen Inhalte der Ausbildung zum Truppführer gemäß der Feuerwehr-Dienstvorschrift 2 (FwDV 2) aufgezeigt und erläutert. Im Rahmen ihrer Möglichkeiten sollten alle Feuerwehrangehörigen – zusätzlich zur Ausbildung zum Sprechfunker und zum Atemschutzgeräteträger – möglichst auch zu Truppführern ausgebildet werden, damit sie im Einsatz innerhalb einer taktischen Einheit auch universell einsetzbar sind.

Die Lehrgänge für Truppführer werden nach landesrechtlichen Festlegungen üblicherweise auf Kreisebene oder an einer Landesfeuerwehrschule durchgeführt. Die Dauer des Lehrganges beträgt mindestens 35 Unterrichtsstunden.

Hinweis: Zur Vertiefung der nachfolgend behandelten Themen wird auf die übrigen Broschüren der Reihe „Fachwissen Feuerwehr“ verwiesen.

Geseke, Februar 2022 Hans Kemper

Inhalt

1 Einleitung

Damit die Feuerwehren bei Bränden, Unglücksfällen oder Hilfeleistungen schnelle und wirksame Hilfe leisten können, sind neben dem Einsatz geeigneter Fahrzeuge und Ausrüstungen insbesondere gut ausgebildete und trainierte Feuerwehrangehörige notwendig, die am Einsatzort entsprechend ihrer Aufgabenstellung tätig werden können. Dabei ist Feuerwehrarbeit vor allem Teamarbeit! Das kleinste Team im Feuerwehreinsatz ist der Trupp innerhalb der taktischen Einheit Gruppe oder Staffel, das heißt, der Angriffstrupp, der Wassertrupp und der Schlauchtrupp, jeweils bestehend aus einem Truppführer und einem Truppmann.

Abbildung 1: Angriffstrupp – mit PA und 1. Rohr – zur Brandbekämpfung (Quelle: Thomas Drasel, Feuerwehrforum Wiesbaden112.de)

Der Einsatz in der Feuerwehr setzt eine entsprechende Ausbildung der Feuerwehrangehörigen voraus. Dazu müssen im Rahmen der Truppausbildung zunächst alle Feuerwehrangehörigen über eine erfolgreich abgeschlossene Ausbildung zum Truppmann verfügen. Darauf aufbauend sollten möglichst viele Feuerwehrangehörige zu Truppführern ausgebildet werden.

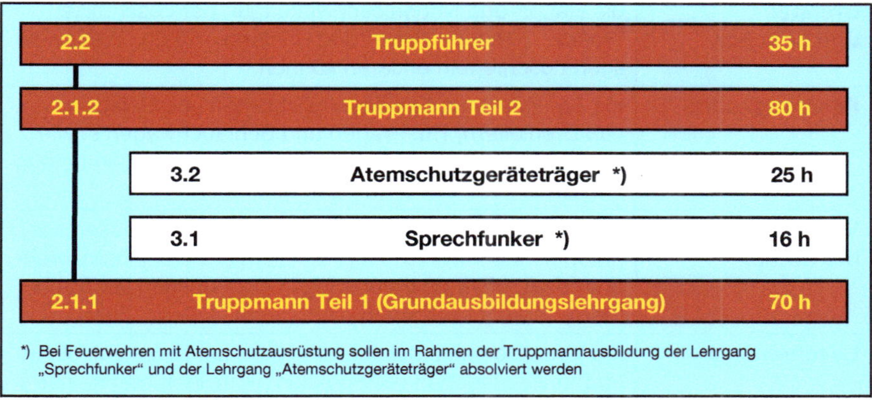

Abbildung 2: Gliederung der Truppausbildung gemäß FwDV 2 (Quelle: Hans Kemper, Geseke)

Die Truppmannausbildung der Feuerwehrangehörigen bezieht sich auf die Befähigung zur Übernahme von grundlegenden Tätigkeiten im Lösch- und Hilfeleistungseinsatz unter Anleitung sowie auf die Vermittlung standortbezogener Kenntnisse. Das Ziel der weiterführenden Ausbildung zum Truppführer ist dann die Befähigung zum selbstständigen Führen eines Trupps nach Auftrag innerhalb der taktischen Einheiten Gruppe oder Staffel.

Es ist zu beachten, dass gemäß der Feuerwehr-Dienstvorschrift 2 (FwDV 2) für das Führen eines Trupps als selbstständige taktische Einheit – bestehend aus insgesamt drei Einsatzkräften – eine Ausbildung zum Gruppenführer vorgesehen ist.

Tabelle 1: Lernziele der Ausbildung zum Truppführer gemäß FwDV 2

Thema	Die Teilnehmer müssen ...
Rechtsgrundlagen	die wesentlichen Regelungen zur Organisation des Brandschutzes auf übergemeindlicher Ebene und die grundlegenden Laufbahnregelungen im Bereich der Feuerwehr wiedergeben können.
Brennen und Löschen	die Haupt- und Nebenlöschwirkungen der Löschmittel Wasser, Schaum, Pulver und Kohlendioxid und die jeweiligen Löschregeln erklären können.
Fahrzeugkunde	die Typeinteilung, Einsatzmöglichkeiten und Beladung von Drehleitern, Rüstwagen und Schlauchwagen sowie die sonstigen Feuerwehrfahrzeuge nach den allgemeinen Regeln der Technik wiedergeben können.
Verhalten bei Gefahr	erklären können, welche Gefahren an Einsatzstellen auftreten können und die Möglichkeiten der Gefahrenabwehr oder der Gefahrenbegrenzung in der Funktion als Truppführer anwenden können.
Löscheinsatz	die Einsatzbefehle bei unterschiedlichen Einsatzobjekten und Einsatzlagen in der Funktion als Truppführer selbstständig und fachlich richtig ausführen können.
Technische Hilfeleistung	die Einsatzbefehle bei unterschiedlichen Einsatzobjekten und Einsatzlagen in der Funktion als Truppführer selbstständig und fachlich richtig ausführen können.
ABC-Gefahrstoffe	wiedergeben können, welche grundlegenden Gefährdungen sich aus den entsprechenden Kennzeichnungen von ABC-Gefahrstoffen ableiten lassen und wie sich die vorgehenden Trupps beim Erkennen solcher Gefahren verhalten sollen.
Brandsicherheitswachdienst	die allgemeinen Aufgaben und Zuständigkeiten der Sicherheitsposten beim Brandsicherheitswachdienst erklären können.

2 Rechtsgrundlagen

Die Gesetzgebung für die Bereiche Brandschutz, allgemeine Hilfe, Katastrophenschutz und Rettungsdienst fällt in Deutschland in die Zuständigkeit der jeweiligen Länder. Die dort geltenden Feuerwehr-, Brandschutz- oder Hilfeleistungsgesetze sind trotz unterschiedlicher Namensgebung und Ausführung aufgrund allgemeiner Grundsätze vergleichbar. Der zentrale Auftrag dieser Gesetze ist die Abwehr von Gefahren für die öffentliche Sicherheit, die durch Brände, Explosionen, Naturereignisse, Unfälle und ähnliche Notlagen drohen. Die Gesetze weisen den Gemeinden und deren Feuerwehren die Aufgabe zu, diese Gefahren abzuwehren.

2.1 Aufgabenverteilung

Verpflichtende Aufgaben der **Gemeinden** und deren Feuerwehren sind gemäß dem jeweiligen Feuerwehr-, Brandschutz- oder Hilfeleistungsgesetz des Landes die Bekämpfung von Bränden und Explosionen (abwehrender Brandschutz), die Rettung von Menschen und Tieren, die Hilfeleistung in Not- und Unglücksfällen (allgemeine Hilfe) sowie die Verhütung von Bränden (vorbeugender Brandschutz) zu gewährleisten. Zur Erfüllung dieser hoheitlichen Aufgaben haben die Gemeinden eine den örtlichen Erfordernissen entsprechend leistungsfähige Feuerwehr aufzustellen, diese mit den notwendigen baulichen Anlagen und Einrichtungen sowie technischen Ausrüstungen auszustatten und zu unterhalten. Die Feuerwehr ist dabei so aufzustellen, dass sie üblicherweise zu jeder Zeit und an jedem Ort ihres Ausrückebereiches innerhalb einer festgelegten Zeitspanne nach der Alarmierung wirksame Maßnahmen zur Gefahrenabwehr einleiten kann.

Die **Landkreise** haben überörtliche Aufgaben wahrzunehmen und die Gemeinden bei deren Aufgabenerfüllung zu beraten und zu unterstützen. Hierzu gehört vor allem die Einrichtung und der Unterhalt von ständig erreichbaren Leitstellen zur Alarmierung der Feuerwehr (und des Rettungsdienstes) sowie die Unterstützung bei der Ausbildung der Feuerwehrangehörigen.

Die **Landkreise** sind als untere Katastrophenschutzbehörde für den Katastrophenschutz zuständig. Sie unterhalten zentrale Einrichtungen für den Brandschutz und die Hilfeleistung, zum Beispiel zentrale Werkstätten, Schlauchpflegeanlagen oder Atemschutzübungsanlagen, soweit ein überörtlicher Bedarf besteht. Oftmals obliegt den Landkreisen auch die Pflicht, die Leistungsfähigkeit der gemeindlichen Feuerwehren zu überwachen.

Die **Länder** haben zentrale Aufgaben wahrzunehmen und die Gemeinden und Landkreise bei deren Aufgabenerfüllung zu beraten und zu unterstützen. Die Länder haben erforderliche vorbereitende Maßnahmen zur Abwehr von Katastrophen zu treffen sowie Feuerwehrschulen einzurichten und zu unterhalten. Sie haben weiterhin die Aufgabe, Betriebe oder Einrichtungen mit erhöhter Brand- oder Explosionsgefahr oder anderen besonderen Gefahren zur Aufstellung, Ausrüstung und Unterhaltung von Werkfeuerwehren zu verpflichten und deren Anerkennung auszusprechen. Die Länder gewähren darüber hinaus Zuwendungen zur Erfüllung der Aufgaben im Brandschutz, in der allgemeinen Hilfe und im Katastrophenschutz.

2.2 Arten der Feuerwehren

Entsprechend den Feuerwehr-, Brandschutz- und Hilfeleistungsgesetzen der Länder werden folgende Arten der Feuerwehren unterschieden:

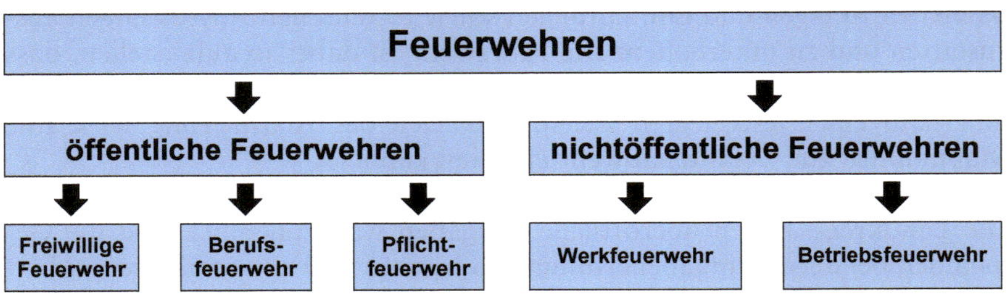

Eine **Berufsfeuerwehr** besteht zunächst aus hauptamtlichen Feuerwehrangehörigen, die Beamte des feuerwehrtechnischen Dienstes sind. In den Feuerwehr-, Brandschutz- und Hilfeleistungsgesetzen der Länder ist in Abhängigkeit von der Zahl der Einwohner einer Stadt (meist größer 100.000) geregelt, dass eine Berufsfeuerwehr eingerichtet werden muss. Bestandteil der meisten Berufsfeuerwehren sind auch Abteilungen und Ortsteilfeuerwehren mit ehrenamtlichen Feuerwehrangehörigen. Städte, die gesetzlich nicht dazu verpflichtet sind, können ebenfalls eine Berufsfeuerwehr einrichten.

Eine **Freiwillige Feuerwehr** besteht aus ehrenamtlichen Feuerwehrangehörigen. Zu einer Freiwilligen Feuerwehr gehören auch die Alters- und Ehrenabteilungen oder die Jugendfeuerwehren, in bestimmten Gemeinden auch Musik- und Spielmannszüge. Wenn eine Stadt oder eine größere Gemeinde eine ständig besetzte Feuerwache unterhält, können der Freiwilligen Feuerwehr auch hauptamtliche Feuerwehrangehörige angehören.

Eine **Pflichtfeuerwehr** besteht aus Feuerwehrangehörigen, die aufgrund gesetzlicher Bestimmungen verpflichtet worden sind, nebenamtlichen Feuerwehrdienst zu leisten. Eine Pflichtfeuerwehr muss gebildet werden, wenn die Aufgaben der Feuerwehr einer Gemeinde auf andere Art nicht oder nicht ausreichend erfüllt werden können.

Eine **Betriebsfeuerwehr** ist eine nichtöffentliche und nicht anerkannte Feuerwehr zum Schutz von privaten oder öffentlichen Betrieben oder Einrichtungen mit neben- und/oder hauptberuflichen Feuerwehrangehörigen. Da für diese Feuerwehren üblicherweise keine gesetzlichen Auflagen erteilt werden, entscheiden die Betriebe oder Einrichtungen selbst über den Aufbau, die Ausstattung und die Ausbildung ihrer Feuerwehr.

Eine **Werkfeuerwehr** ist eine angeordnete oder anerkannte nichtöffentliche Feuerwehr zum Schutz von privaten oder öffentlichen Betrieben oder Einrichtungen. Die haupt- oder nebenberuflichen Feuerwehrangehörigen einer Werkfeuerwehr sind zumeist auch Werkangehörige, die somit über ausreichende Kenntnisse der örtlichen Gegebenheiten und der jeweiligen Betriebsabläufe verfügen. Werkfeuerwehren müssen im Aufbau, ihrer Ausstattung und ihrer Ausbildung den an öffentliche Feuerwehren gestellten Anforderungen entsprechen. Ihre Leistungsfähigkeit muss sich an den vom Betrieb ausgehenden Gefahren orientieren.

2.3 Verordnungen für den Bereich der Feuerwehr

Die Ausgestaltung der Feuerwehr-, Brandschutz- und Hilfeleistungsgesetze der Länder und somit auch die wesentlichen Festlegungen zum Dienstbetrieb der Freiwilligen Feuerwehren werden von übergeordneten Landesdienststellen durch entsprechende Verwaltungsvorschriften oder Rechtsverordnungen, zum Beispiel Laufbahn- oder Feuerwehrverordnungen, geregelt. In derartigen Verordnungen wird unter anderem festgelegt:

- Die Aufnahme in die Feuerwehr, durch die Gemeinde beziehungsweise den Leiter der Feuerwehr, üblicherweise erst ab 18 Jahre und mit gesundheitlicher Eignung.
- Die Beförderungen und Dienstgrade, in Abhängigkeit von Dienstalter, erreichtem Ausbildungsstand oder Funktion in der Feuerwehr.
- Die Funktionen innerhalb der Feuerwehr, zum Beispiel Leiter der Feuerwehr, Wehrführer, Gruppen- oder Zugführer, Jugendfeuerwehrwart.
- Die Art und der Umfang der Ausbildung der Feuerwehrangehörigen, zum Beispiel Gliederung der Ausbildung, Ausbildung der Funktionsträger.
- Das Ausscheiden aus der Feuerwehr, durch Ausscheiden oder Austritt auf eigenen Wunsch oder durch Ausschluss aus der Feuerwehr.
- Die Aufstellung und Gliederung der Feuerwehr, zum Beispiel Abteilungen der Feuerwehr, Ausrückebereiche oder Hilfsfristen.
- Die baulichen Einrichtungen und Ausstattung der Feuerwehr mit Fahrzeugen und Geräten, zum Beispiel Größe und Ausstattung der Feuerwehrhäuser, Art und Anzahl der Einsatzfahrzeuge.

Hinweis: Für hauptamtliche Feuerwehrangehörige der Feuerwehren, die als Beamte des feuerwehrtechnischen Dienstes tätig sind, gelten die jeweiligen Beamtengesetze und Laufbahnverordnungen der Länder.

Je nach Ausbildungsstand, Dienstalter oder Funktion können Feuerwehrangehörige einen bestimmten Dienstgrad erreichen, wobei die Bezeichnung der Dienstgrade in den Ländern sowie zwischen Freiwilliger Feuerwehr und Berufsfeuerwehr unterschiedlich ist. Der Dienstgrad wird durch Kennzeichnungen an der Uniform und an der Kopfbedeckung angezeigt.

2.4 Dienstgrade der Truppführer

Wie unterschiedlich die jeweiligen Laufbahnregelungen in den einzelnen Ländern sind, kann beispielhaft am Dienstgrad verdeutlicht werden, den Feuerwehrangehörige einer Freiwilligen Feuerwehr nach dem erfolgreichen Abschluss ihrer Fortbildung zum Truppführer erreichen können.

Tabelle 2: Erreichbare Dienstgrade für Truppführer (Beispiele)

Sachsen	**Brandenburg**

Es kann nach drei Dienstjahren zum **Oberfeuerwehrmann** befördert werden, wer einen Sonderlehrgang besucht und die Ausbildung zum Truppführer erfolgreich abgeschlossen hat	Es kann zum **Löschmeister** befördert werden, wer zwei Jahre Hauptfeuerwehrmann war und die Ausbildung zum Truppführer erfolgreich abgeschlossen hat
Nordrhein-Westfalen	**Baden-Württemberg**

Es kann zum **Unterbrandmeister** befördert werden, wer mindestens Hauptfeuerwehrmann oder ein Jahr Oberfeuerwehrmann war und die Ausbildung zum Truppführer erfolgreich abgeschlossen hat	Es kann zum **Hauptfeuerwehrmann** befördert werden, wer mindestens fünf Jahre Oberfeuerwehmann war und die Ausbildung zum Truppführer erfolgreich abgeschlossen hat

2.5 Selbstkontrolle und Testfragen

(Lösungen siehe Seite 120)

1. Wer ist für die Gesetzgebung in den Bereichen Brandschutz, allgemeine Hilfe, Katastrophenschutz und Rettungsdienst zuständig?

a) Der Bund.
b) Die Länder.
c) Die Gemeinden.
d) Die Kreise.
e) Die Feuerwehrverbände.

2. Welche grundsätzlichen Aufgaben haben die Feuerwehren?

a) Bekämpfung von Bränden und Explosionen.
b) Rettung von Menschen und Tieren.
c) Verhütung von Bränden.
d) Ermittlung von Brandursachen und Brandstiftern.
e) Hilfeleistung in Not- und Unglücksfällen.

3. Welche Arten von Feuerwehren werden unterschieden?

a) Kleine und große Feuerwehren.
b) Öffentliche Feuerwehren.
c) Nichtöffentliche Feuerwehren.
d) Kommerzielle Feuerwehren.

4. Welcher Dienstgrad kann in Abhängigkeit vom jeweiligen Land mit dem Abschluss einer Ausbildung zum Truppführer erreicht werden?

a) Oberfeuerwehrmann
b) Hauptfeuerwehrmann
c) Truppführer
d) Löschmeister
e) Brandmeister

3 Brennen und Löschen

Die Verbrennung ist ein Vorgang, bei dem sich ein brennbarer Stoff mit Sauerstoff verbindet. Dabei müssen der brennbare Stoff und der Sauerstoff in einem geeigneten Verhältnis zueinanderstehen sowie eine bestimmte Zündtemperatur und ein Katalysator als Bedingung vorhanden sein. Beim Löschen kommt es nunmehr darauf an, eine oder mehrere Bedingungen der Verbrennung zu stören oder zu unterbinden.

3.1 Löschverfahren

Zum Löschen stehen den Einsatzkräften im Wesentlichen drei Möglichkeiten zur Unterbrechung einer Verbrennung zur Wahl. Diese Möglichkeiten können einzeln oder gleichzeitig nebeneinander angewendet werden.

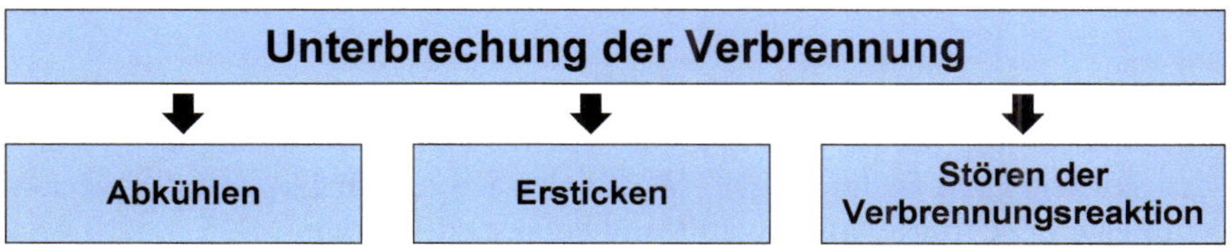

- **Löschen durch Abkühlen:** Beim Abkühlen wird den brennbaren Stoffen durch ein Löschmittel die zur Aufrechterhaltung der Verbrennung erforderliche Wärme entzogen. Dies erfolgt mit Wasser oder Netzmittelwasser, hauptsächlich bei Bränden der Brandklasse A.
- **Löschen durch Ersticken:** Beim Ersticken wird die Verbrennung durch Verändern des Mengenverhältnisses zwischen brennbarem Stoff und Sauerstoff unterbunden. Dies erfolgt durch Herabsetzung der Sauerstoffkonzentration (Verdünnen), durch Drosselung der Zufuhr von brennbaren Stoffen (Abmagern) oder durch Trennung von Sauerstoff und brennbarem Stoff (Trennen). Löschen durch Ersticken erfolgt mit Schaum und Kohlendioxid, hauptsächlich bei Bränden der Brandklasse B oder C.
- **Löschen durch Störung der Verbrennungsreaktionen:** Bevor brennende Stoffe in die Endprodukte der Verbrennung umgewandelt werden, bilden

sich reaktionsfähige Zwischenverbindungen, die in einer Kettenreaktion weiter reagieren und die Verbrennung aufrechterhalten. Wird dieser Vorgang durch das Aufbringen sogenannter Inhibitoren, zum Beispiel Löschpulver, unterbrochen, kommt die Verbrennung zum Erliegen.

3.2 Löschmittel

Löschmittel sind feste, flüssige oder gasförmige Stoffe, die dazu geeignet sind, einen Verbrennungsvorgang zu unterbrechen und so einen Brand zu löschen. Durch die Anwendung der Löschmittel Wasser, Schaum, Pulver oder Kohlendioxid wird erreicht, dass eine oder mehrere Bedingungen einer Verbrennung gestört oder beseitigt werden und somit die Verbrennung abgebrochen wird. Für die Auswahl eines Löschmittels ist das Brandverhalten des jeweils brennenden Stoffes maßgebend. Weiterhin ist zu berücksichtigen, mit welchem Löschmittel das beste Löschergebnis erzielt werden kann und welches Löschmittel ausreichend zur Verfügung steht.

Hinweis: Ein Universal-Löschmittel, das für alle Arten von Bränden gleichermaßen geeignet ist, gibt es nicht. Vielmehr muss in Abhängigkeit von den vorliegenden Bedingungen das für den jeweiligen Einsatzfall zweckmäßigste Löschmittel ausgewählt und eingesetzt werden.

3.2.1 Löschmittel Wasser

Wasser ist das am häufigsten eingesetzte Löschmittel der Feuerwehren, vor allem vor dem Hintergrund, dass der weitaus größte Teil der vorkommenden Brände der Brandklasse A, das heißt, Bränden fester Stoffe, zuzuordnen ist. Wasser bietet gegenüber den anderen Löschmitteln zahlreiche und wesentliche Vorteile und hat in vielen Bereichen eine besonders gute Löschwirkung. Es ist an vielen Orten ständig verfügbar oder verhältnismäßig leicht zu beschaffen und lässt sich vergleichsweise einfach mit Pumpen und Schläuchen auch über größere Entfernungen transportieren.

Löschwirkung

Die Hauptlöschwirkung von Wasser besteht in der Abkühlung. Durch das große Wärmebindungsvermögen des Wassers beim Erwärmen beziehungsweise Verdampfen kann ein großer Teil der Wärmeenergie aus der Verbrennungszone abgeführt werden. Dadurch wird der brennende Stoff unter seine Mindestverbrennungstemperatur abgekühlt und eine weitere thermische Aufbereitung des Stoffes unterbunden. Die größte Wärmebindung und somit auch die größte Löschwirkung besteht beim Verdampfen des Wassers. Bei der praktischen Anwendung ist es deshalb erforderlich, das Wasser in möglichst fein verteilter Tröpfchenform anzuwenden. Darüber hinaus hat Wasser auch eine gewisse abmagernde Wirkung bei der Kühlung von Behältern mit brennenden Flüssigkeiten oder bei der Vermischung mit bestimmten brennenden Flüssigkeiten.

Einsatzformen

Das Löschmittel Wasser wird in Form von Sprühstrahl, Vollstrahl oder Nebelstrahl in die Verbrennungszone eingebracht.

- Bei einem **Sprühstrahl** entstehen viele kleine Wassertropfen mit einer insgesamt sehr großen Oberfläche. Diese können schnell verdampfen, binden so eine große Wärmemenge und entziehen der Verbrennungszone viel Wärme. Mit Sprühstrahl können außerdem große Flächen abgedeckt und schnelle Löscherfolge erzielt werden, was auch zu einer Verringerung des Wasserschadens führt. Besonders im Innenangriff wird mit einem Sprühstrahl eine wesentlich bessere Kühlwirkung erzielt. Sprühstrahl eignet sich auch für Einsätze, bei denen kein Brandgut aufgewirbelt werden darf, zum Beispiel bei Staubbränden, oder zum Niederschlagen von Gasen oder Dämpfen.
- Der kompaktere **Vollstrahl** wird angewendet, um eine größere Wurfweite, mechanische Wirkung oder Eindringtiefe zu erreichen. Er kann angewendet werden, wenn Einsatzkräfte einen größeren Abstand zum Brandobjekt einhalten müssen, zum Beispiel bei einer Gefährdung durch Wärmestrahlung oder einstürzende Bauteile, oder wenn eine gezielte Löschwirkung an einer bestimmten Stelle erreicht werden muss.

- Mit Hohlstrahlrohren lässt sich ein sehr feinzerstäubter Sprühstrahl erzeugen, der auch als **Nebelstrahl** bezeichnet wird. Mit diesem Strahl kann mit geringem Wassereinsatz eine besondere Kühlwirkung erzielt werden. Aufgrund der Reichweite des Nebelstrahls ist er besonders bei der Brandbekämpfung im Innenangriff geeignet. Dabei ist aber die mögliche Verbrühungsgefahr für die Einsatzkräfte durch das schnell verdampfende Wasser zu beachten.

■ Anwendungsmöglichkeiten und -grenzen

Das Löschmittel Wasser ist neben dem Löschen von Bränden fester Stoffe (Brandklasse A) auch zum Kühlen von brandbeaufschlagten Behältern oder Konstruktionen, zum Schutz gefährdeter Personen und zum Niederschlagen von bestimmten Gasen oder Dämpfen geeignet. Für eine wirksame Anwendung ist es erforderlich, eine ausreichende Menge Löschwasser mit einem ausreichenden Druck an der Einsatzstelle bereitzustellen und das Löschwasser gezielt und löschwirksam einzusetzen.

Abbildung 3:
Gezielter Einsatz des Löschmittels Wasser
(Quelle: Dennis Altenhofen, Feuerwehrforum Wiesbaden 112.de)

Bei unsachgemäßer oder übermäßiger Anwendung des Löschmittels Wasser können jedoch zusätzlich zu den eigentlichen Brandschäden auch erhebliche Löschwasserschäden entstehen.

Darüber hinaus gibt es auch bestimmte Einsätze, bei denen Wasser nur bedingt (winterliche Temperaturen, elektrische Anlagen, ...) oder überhaupt nicht (brennende Metalle, Säuren und Laugen, Schornsteinbrand, ...) eingesetzt werden kann oder darf.

Vorteile des Löschmittels Wasser

- ist chemisch neutral, ungiftig und umweltverträglich
- ist nahezu überall in großen Mengen verfügbar oder leicht zu beschaffen
- ist verhältnismäßig einfach zu fördern und zu transportieren
- hat ein großes Wärmebindungsvermögen beim Erwärmen und Verdampfen
- ermöglicht große Wurfweiten und Wurfhöhen

Nachteile des Löschmittels Wasser

- ist elektrisch leitfähig und führt so zu Gefährdungen der Einsatzkräfte
- gefriert bei winterlichen Temperaturen, dehnt sich dabei aus und kann zu Beschädigungen von Ausrüstungen und Geräten führen
- reagiert heftig mit brennenden Metallen, zum Beispiel Magnesium, und führt so zu starker Wärmeentwicklung und zur Bildung von Knallgas
- reagiert heftig mit bestimmten Säuren oder Laugen, zum Beispiel Schwefelsäure, und führt so zu starker Wärmeentwicklung
- führt bei hohen Temperaturen zu schlagartigem Verdampfen und so zu Sichtbehinderungen oder Verbrühungen von Einsatzkräften
- führt bei hohen Temperaturen zu schlagartigem Verdampfen und so zum Druckanstieg im Brandraum, zum Beispiel bei Schornsteinbränden
- kann zum Aufwirbeln staubförmiger Stoffe führen und so eine Staubexplosion auslösen
- kann in Behälter mit brennender Flüssigkeit eindringen, dort schlagartig verdampfen, die brennende Flüssigkeit fein verteilt herausschleudern und so eine Fettexplosion auslösen
- kann bei saug- oder quellfähigen Stoffen zu einer Volumenvergrößerung führen und so Gebäudeteile oder Anlagen überlasten
- kann in Verbindung mit gefährlichen Stoffen kontaminiert werden und in den natürlichen Wasserkreislauf eindringen (Umweltschaden)

3.2.2 Löschmittel Schaum

Das Löschmittel Schaum besteht aus einer innigen Durchmischung von Wasser, Schaummittel und Luft. Dazu wird an der Einsatzstelle dem Löschwasserstrom über einen in die Schlauchleitung eingekuppelten Zumischer ein bestimmter Anteil Schaummittel bedarfsgerecht zugemischt. Dieses Wasser-Schaummittel-Gemisch wird dann weitergeleitet und in einem Schaumstrahlrohr mit angesaugter Umgebungsluft verwirbelt, so dass aus dem Schaumstrahlrohr der eigentliche Löschschaum austritt.

Für die Erzeugung von Schaum werden verschiedene Schaummittel, meist Mehrbereichsschaummittel, in Form von Flüssigkeitskonzentraten verwendet, die dem Wasser in Mengen von etwa 1 Prozent bis 6 Prozent zugemischt werden. Diese Zumischung ist neben dem Druck am Schaumstrahlrohr und der Länge der Schlauchleitung zwischen dem Zumischer und dem Schaumstrahlrohr für die Stabilität des Schaums verantwortlich.

■ Löschwirkung

Schaum ist in der Lage, auf der Oberfläche des Brandgutes eine Sperrschicht zu bilden, die den Austritt von Dämpfen aus der Verbrennungszone und den Zutritt von Sauerstoff in die Verbrennungszone verhindert. Die Löschwirkung beruht somit auf dem vollständigen Trennen des brennbaren Stoffes vom Sauerstoff der Umgebungsluft – das Feuer wird durch den aufgebrachten Schaum erstickt. Durch seinen Wasseranteil hat Schaum in geringen Umfang auch eine abkühlende Wirkung.

■ Einsatzformen

Wird ein Wasser-Schaummittel-Gemisch mit einer hohen beziehungsweise einer niedrigen Luftmenge vermischt, wird dadurch eine hohe beziehungsweise eine niedrige Verschäumung erreicht. Die Verschäumungszahl (VZ) gibt dabei an, um das Wievielfache sich das Volumen des Wasser-Schaummittel-Gemisches durch die Vermischung mit Luft vergrößert.

Die jeweilige Verschäumungszahl wird durch die unterschiedliche konstruktive Auslegung der Schaumstrahlrohre bestimmt.

- **Schwerschaum** (4-fache bis 20-fache Verschäumung) wird vor allem für die Bekämpfung von Bränden flüssiger Stoffe, zum Beispiel Benzin oder Öl, und auch von Bränden fester Stoffe, zum Beispiel Holz oder Stroh, eingesetzt. Aufgrund seiner Zusammensetzung können große Wurfweiten und auch eine gute Haftfähigkeit erzielt werden. Schwerschaum hat aufgrund seines Wasseranteils darüber hinaus auch eine gewisse abkühlende Wirkung.
- **Mittelschaum** (21-fache bis 200-fache Verschäumung) wird vorwiegend zum Beschäumen großer Flächen brennender Flüssigkeiten eingesetzt, in besonderen Fällen auch zum Füllen und Fluten von Kanälen, Schächten oder Räumen. Bei auslaufenden noch nicht brennenden Flüssigkeiten kann Mittelschaum aufgetragen werden, um der Gefahr einer Entzündung der austretenden Dämpfe vorzubeugen.
- **Leichtschaum** (201-fache bis 1.000-fache Verschäumung) hat eine sehr geringe Dichte und kann deshalb nur in geschlossenen Räumen wirksam eingesetzt werden. Brände in großen Räumen und Hallen oder in schwer zugänglichen Kellerräumen, begehbaren Kabelkanälen oder ähnlich lassen sich mit Leichtschaum eindämmen und löschen. Leichtschaum wird – anders als Schwer- und Mittelschaum – mit speziellen tragbaren oder fahrbaren Leichtschaumgeneratoren erzeugt.

■ Anwendungsmöglichkeiten und -grenzen

Schaum kann zum Löschen von brennenden flüssigen und auch festen Stoffen eingesetzt werden. Welche Schaumart im Brandfall am zweckmäßigsten ist, hängt nicht nur von der Art und Menge der brennenden Stoffe, sondern auch von den äußeren Umständen (räumliche Situation, ...) des Einsatzes ab. Beim Einsatz des Löschmittels Schaum ist es wichtig, dass die notwendige Schaumdecke zügig und ohne Unterbrechung aufgetragen wird. Daher muss vor Beginn des Einsatzes geprüft werden, ob die zur Verfügung stehenden Schaummittel- und Löschwassermengen ausreichen.

Abbildung 4: Schaumstrahlrohr erst auf das Objekt richten, wenn Schaum in gleichmäßiger Qualität erzeugt wird. (Quelle: Dennis Altenhofen, Feuerwehrforum Wiesbaden112.de)

Bei unsachgemäßer oder übermäßiger Anwendung des Löschmittels Schaum können aufgrund der verwendeten Schaummittel im Bereich von Oberflächengewässern erhebliche Wasser- und Umweltgefährdungen entstehen. Darüber hinaus kann oder darf Schaum bei bestimmten Einsätzen nur bedingt (winterliche Temperaturen) oder überhaupt nicht (elektrische Anlagen) eingesetzt werden. Ansonsten gelten die gleichen Einsatzbeschränkungen wie bei der Anwendung des Löschmittels Wasser.

Vorteile des Löschmittels Schaum
• hat eine gute Löschwirkung bei Bränden von Flüssigkeiten
• ist leicht beweglich, fließt gegebenenfalls um Hindernisse
• kann auch in unzugängliche Räume oder Bereiche eindringen

Nachteile des Löschmittels Schaum
• zerfällt bei Einwirkung hoher Temperaturen (Abbrandrate)
• ist durchgehend elektrisch leitfähig und darf bei Bränden in spannungsführenden elektrischen Anlagen nicht eingesetzt werden
• verdeckt Hindernisse, Stolperstellen oder Vertiefungen
• kann durch Wind oder Thermik fortgetragen werden (Leicht- und Mittelschaum)

■ Druckluftschaum

Im Gegensatz zur herkömmlichen Schaumerzeugung, bei der die angesaugte Umgebungsluft innerhalb des Schaumstrahlrohres mit dem Wasser-Schaummittel-Gemisch verschäumt wird, wird in den in Feuerwehrfahrzeugen eingebauten Druckluftschaumanlagen (DLS) das Schaummittel und die Luft unter Druck (über einen Kompressor) in abgemessenen Mengen dem Löschwasser laufend zugemischt.

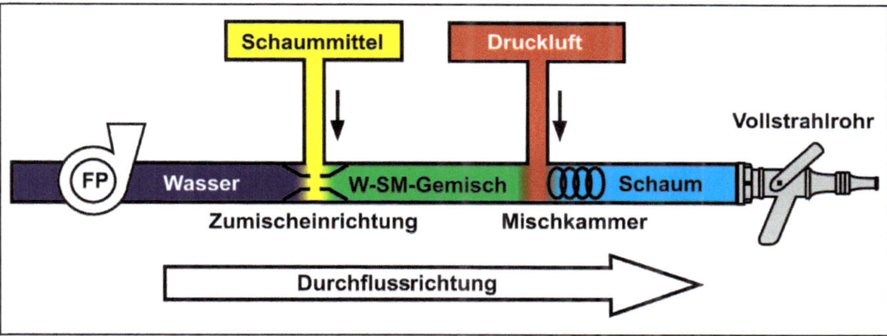

Abbildung 5: Aufbau einer Druckluftschaumanlage (Quelle: De Vries: Brandbekämpfung mit Wasser und Schaum, 3. Auflage, Landsberg 2008)

In den angeschlossenen B- oder C-Schlauchleitungen wird dann ein Gemisch aus Wasser, Schaummittel und Luft in verdichteter Form bis zur Strahlrohrdüse gefördert. Dieses Gemisch dehnt sich beim Austritt aus der Düse aus und ergibt einen mit Schwerschaum vergleichbaren Schaum. Dieser ist, je nach verwendetem Schaummittel, für Brände der Brandklasse A und B einsetzbar. Für die Schaumabgabe wird kein spezielles Schaumrohr benötigt, es können herkömmliche Mehrzweckstrahlrohre und auch Hohlstrahlrohre verwendet werden. Der Vorteil von Druckluftschaum liegt in der gegenüber Wasser höheren Wirksamkeit bei der Brandbekämpfung, das heißt, weniger Löschwasserverbrauch, schnelleres Ablöschen und größere Wurfweiten des austretenden Schaumstrahls.

3.2.3 Löschmittel Pulver

Löschpulver ist ein Gemenge verschiedener pulverförmiger Chemikalien, mit denen – je nach Zusammensetzung – Brände fester, flüssiger und gasförmiger Stoffe oder Brände von Metallen gelöscht werden können. Die Wirksamkeit des Löschmittels Pulver ist von seiner chemischen Zusammensetzung und seinen physikalischen Eigenschaften abhängig. Löschpulver werden entsprechend ihrer Eignung zum Löschen von Bränden der unterschiedlichen Brandklassen eingeteilt und bezeichnet: BC-Pulver (zum Beispiel Natriumhydrogencarbonat), ABC-Pulver (zum Beispiel Ammoniumsulfat) und D-Pulver (zum Beispiel Natriumchlorid).

■ Löschwirkung

Die Löschwirkung von Löschpulver ist abhängig von der Art des Pulvers:

- Die Löschwirkung von **BC-Pulver** beruht auf der unmittelbaren Störung der Verbrennungsreaktion durch eine chemische Bindung der für die Fortsetzung der Verbrennung wesentlichen Zwischenprodukte (reaktionshemmender Löscheffekt). Die Zwischenprodukte werden dem weiteren Reaktionsgeschehen entzogen. Damit bricht die Kettenreaktion der Verbrennung ab und Flammenbrände werden schlagartig gelöscht.
- Die Löschwirkung von **ABC-Pulver** beruht – zusätzlich zum beschriebenen reaktionshemmenden Löscheffekt – auf einem chemischen Eingriff in den Verkohlungsvorgang. Dabei erfolgt durch das Zersetzen und Schmelzen des Löschpulvers eine schnelle Bildung einer glasartigen luftdichten Dämmschicht, die die Poren der festen Stoffe abdeckt und so den Zutritt von Sauerstoff zum Brandgut verhindert.
- Die Löschwirkung von **D-Pulver** beruht auf der teilweisen chemischen Reaktion mit den brennenden Metallen, die üblicherweise mit sehr hohen Temperaturen brennen. Beim Bedecken der brennenden Metalle bildet sich zusätzlich eine Salzschmelze, die so den Zutritt von Sauerstoff zum Brandgut verhindert.

■ Anwendungsmöglichkeiten und -grenzen

Löschpulver wird vornehmlich mit tragbaren oder fahrbaren Feuerlöschern eingesetzt, zum Teil auch mit Löschanlagen, die in Feuerwehrfahrzeugen fest eingebaut sind oder auf Anhängefahrzeugen mitgeführt werden.

- Mit **ABC-Pulver** können sowohl Brände fester glutbildender Stoffe als auch Brände von Flüssigkeiten oder Gasen gelöscht werden. Dieses Pulver hat neben seiner typischen reaktionshemmenden Löschwirkung gegenüber Flammenbränden auch eine erstickende Löschwirkung bei Bränden fester glutbildender Stoffe.
- Mit **BC-Pulver** können vor allem Brände von Flüssigkeiten oder Gasen gelöscht werden. Wird dieses Pulver in ausreichender Menge und günstiger Verteilung in Flammen eingebracht, kommt es zu einer schlagartigen Störung der Verbrennungsreaktion und zum Erlöschen des Feuers. Um eine optimale Löschwirkung zu erzielen, ist es erforderlich, eine in die Flammen eindringende und diese umhüllende Pulverwolke zu erzeugen, die solange aufgebaut bleiben muss, bis die Flammen vollkommen erloschen sind. Dabei muss bedacht werden, dass es durch stark erwärmte Gegenstände zu Rückzündungen kommen kann.
- Mit **D-Pulver** werden ausschließlich Brände von Metallen gelöscht. Das Pulver wird fast drucklos mit Hilfe von Pulverbrausen auf das brennende Metall aufgetragen. Durch das Schmelzen des Pulvers wird das Brandgut abgedeckt und der Zutritt von Sauerstoff zum brennenden Metall verhindert Eine schlagartige Löschwirkung tritt dabei jedoch nicht ein, vielmehr glüht das Metall unter der Pulverschicht meist noch weiter.

Trotz einiger Vorteile des Löschmittels Pulver gibt es bestimmte Einsätze, bei denen Pulver nur bedingt (elektrische Anlagen mit Niederspannung bis 1.000 Volt) oder überhaupt nicht (elektrische Anlagen mit Hochspannung über 1.000 Volt) eingesetzt werden kann oder darf. Darüber hinaus können beim Löschen von Bränden in Wohnungen, Büros, Werkstätten oder ähnlichen Bereichen erhebliche Folgeschäden durch das Einstauben und die Verschmutzung der Bereiche mit dem Pulver entstehen.

Abbildung 6: Verschmutzte Einsatzkleidung und -ausrüstung nach einem Einsatz mit Löschpulver im Innenangriff (Quelle: Dennis Altenhofen, Feuerwehrforum Wiesbaden112.de)

Beim einem Löschangriff müssen die vorgehenden Einsatzkräfte mit erheblichen Sichtbehinderungen (und gegebenenfalls Reizung der Atemwege) durch die Löschpulverwolke rechnen. Weiterhin besteht aufgrund der fehlenden Kühlwirkung des Löschmittels Pulver nach dem Ablöschen eines Brandes die Gefahr von Rückzündungen, vor allem, wenn noch hohe Temperaturen beziehungsweise Glutnester im Brandbereich vorliegen.

Vorteile des Löschmittels Pulver
• ist ungiftig, umweltverträglich, haltbar und vielseitig einsetzbar (insbesondere ABC-Pulver) • führt zu einer schlagartigen Unterbrechung einer Verbrennung bei allen Flammenbränden

Nachteile des Löschmittels Pulver
• führt im Einsatz zu Sichtbehinderungen durch die Löschpulverwolke • verursacht beim Löschen von Bränden in elektrischen oder feinmechanischen Anlagen erhebliche Folgeschäden durch Verschmutzung und gegebenenfalls auch Korrosion

3.2.4 Löschmittel Kohlendioxid

Kohlendioxid (chemische Formel CO_2) ist ein gasförmiges Löschmittel, das den für die Verbrennung notwendigen Sauerstoff verdrängt. Es verflüchtigt sich rasch ohne jegliche Rückstände und ohne chemische Einwirkungen.

■ Löschwirkung

Die Löschwirkung von Kohlendioxid beruht auf dem Ersticken, das heißt, es verdrängt den Sauerstoff der Umgebungsluft aus der Verbrennungszone. Damit eine ausreichende Löschwirkung erreicht wird, muss der Sauerstoffgehalt der Umgebungsluft von 21 Volumenprozent auf unter 15 Volumenprozent herabgesetzt werden. Dazu ist eine entsprechende Konzentration an Kohlendioxid im Bereich der Verbrennungszone erforderlich, die sich üblicherweise nur in geschlossenen Räumen aufbauen lässt.

■ Anwendungsmöglichkeiten und -grenzen

Kohlendioxid wird mit tragbaren oder fahrbaren Feuerlöschern eingesetzt und eignet sich vor allem zum Löschen von Bränden flüssiger Stoffe. Als rückstandfreies Löschmittel kann Kohlendioxid auch für die Bekämpfung kleinerer Brände in elektrischen, elektronischen oder feinmechanischen Anlagen, in Laboren oder Bereichen mit Nahrungsmitteln eingesetzt werden. Zum Löschen von Bränden fester Stoffe ist Kohlendioxid weniger geeignet, da es zwar die Flammen löscht, sich aber schnell verflüchtigt und somit eine Glut nicht nachhaltig löscht.

Vorteile des Löschmittels Kohlendioxid
• ist ein „sauberes“ Löschmittel, da es sich rückstandsfrei verflüchtigt • ist elektrisch nicht leitfähig

Nachteile des Löschmittels Kohlendioxid
• erreicht nur eine geringe Wurfweite von etwa 1 Meter bis 2 Meter • verflüchtigt sich schnell, besonders im Freien

3.3 Selbstkontrolle und Testfragen

(Lösungen siehe Seite 120)

1. Welche grundsätzlichen Möglichkeiten zur Unterbrechung einer Verbrennung können angewendet werden?

a) Löschen durch Abkühlen.
b) Löschen durch Ersticken.
c) Löschen durch Beschleunigung der Verbrennungsreaktionen.
d) Löschen durch Störung der Verbrennungsreaktionen.

2. In welcher Form kann das Löschmittel Wasser in die Verbrennungszone eingebracht werden?

a) Durch Sprühstrahl.
b) Durch Leerstrahl.
c) Durch Vollstrahl.
d) Durch Dampfstrahl.
e) Durch Nebelstrahl.

3. Welche Vorteile bietet das Löschmittel Schaum?

a) Hat eine gute Löschwirkung bei Bränden von flüssigen Stoffen.
b) Ist durchgehend elektrisch leitfähig.
c) Kann durch Wind oder Thermik fortgetragen werden.
d) Kann auch in unzugängliche Räume und Bereiche eindringen.

4. Bei welcher Art von Bränden wird das Löschmittel Pulver vornehmlich eingesetzt?

a) Bei Bränden gasförmiger Stoffe.
b) Bei Bränden gefährlicher Stoffe.
c) Bei Bränden flüssiger Stoffe.
d) Bei Bränden brennender Stoffe.
e) Bei Bränden glutbildender Stoffe.

4 Fahrzeugkunde

Damit die Feuerwehren bei ihren Einsätzen schnelle und wirksame Hilfe leisten können, stehen ihnen als unentbehrliche Hilfsmittel Fahrzeuge zur Verfügung, mit denen sie zu den jeweiligen Einsatzstellen ausrücken und dort entsprechend ihrer Aufgabenstellung tätig werden können.

Hinweis: Im Rahmen der Truppmannausbildung der Feuerwehrangehörigen werden vor allem die Löschfahrzeuge und die in den jeweiligen Feuerwehren vorgehaltenen Sonderfahrzeuge behandelt. Im Lehrgang „Truppführer“ werden neben der Einteilung der Feuerwehrfahrzeuge dagegen nur die Typeinteilung, die Einsatzmöglichkeiten und die Beladung der Drehleitern, der Rüstwagen und der Schlauchwagen behandelt.

4.1 Einteilung der Feuerwehrfahrzeuge

Feuerwehrfahrzeuge werden zur Bekämpfung von Bränden, zur Durchführung technischer Hilfeleistungen und/oder für Rettungseinsätze verwendet. Sie sind für diese Einsatzarten besonders gestaltet und entsprechend ihrem Verwendungszweck zur Aufnahme einer Besatzung, einer feuerwehrtechnischen Beladung sowie der Lösch- und sonstigen Einsatzmittel eingerichtet. Die Feuerwehrfahrzeuge werden entsprechend ihrer hauptsächlichen Verwendung in verschiedene Kraftfahrzeug-Gruppen gegliedert:

- **Feuerlöschfahrzeuge** werden in Löschfahrzeuge und Sonderlöschfahrzeuge unterteilt. Löschfahrzeuge, zum Beispiel Löschgruppenfahrzeuge, Tragkraftspritzenfahrzeuge oder Tanklöschfahrzeuge, sind mit einer Feuerlöschkreiselpumpe, gegebenenfalls einem Löschwasserbehälter und anderen zusätzlichen Geräten für die Brandbekämpfung ausgerüstet. Sonderlöschfahrzeuge, zum Beispiel Flugfeldlöschfahrzeuge oder Industrielöschfahrzeuge, sind mit speziellen Ausrüstungen für die Brandbekämpfung und speziellen Löschmitteln ausgerüstet.

- **Hubrettungsfahrzeuge** werden in Drehleitern und Hubarbeitsbühnen unterteilt. Drehleitern sind mit ausschiebbaren Leitern mit oder ohne Rettungskorb ausgerüstet, die auf einem Untergestell schwenkbar und endlos drehbar montiert sind. Hubarbeitsbühnen sind mit ausschiebbaren teleskopierbaren und gelenkartigen Konstruktionen mit Rettungskorb ausgerüstet, die ebenfalls auf einem Untergestell schwenkbar und endlos drehbar montiert sind.
- **Rüst- und Gerätefahrzeuge** sind für die Durchführung und Unterstützung von technischen Hilfeleistungen vorgesehen. Rüstfahrzeuge werden für die Durchführung nahezu aller technischen Hilfeleistungen verwendet und verfügen über die dafür notwendigen fest eingebauten technischen Einrichtungen sowie die erforderlichen Ausrüstungen und Geräte. Gerätefahrzeuge werden dagegen nur für den Transport und die Bereitstellung von Ausrüstungen und Geräten verwendet.
- **Gerätefahrzeuge Gefahrgut** sind mit einer speziellen Ausrüstung und besonderen persönlichen Schutzausrüstungen zur Rettung unter erschwerten Bedingungen und zur Begrenzung von Schäden für die Umwelt bei Einsätzen mit gefährlichen Stoffen und Gütern ausgerüstet. Sie werden für den Schutz von Personen, Einsatzkräften und Umwelt, den Nachweis, das Auffangen, Umpumpen und Zwischenlagern von Stoffen und/oder das Eindämmen und Abdichten von Leckagen verwendet.
- **Einsatzleitfahrzeuge** werden mit ihren Kommunikationsmitteln und sonstigen Ausrüstungen für die Führung von taktischen Einheiten verwendet. Sie werden entsprechend ihrem vorgesehenen Verwendungszweck, ihren informations- und kommunikationstechnischen Ausrüstungen, ihren Maßen und ihrer Masse in Kommandowagen und Einsatzleitwagen unterteilt.
- **Mannschaftstransportfahrzeuge** werden für die Beförderung von Feuerwehreinsatzkräften und deren Ausrüstungen verwendet.
- **Nachschubfahrzeuge** zum Beispiel Gerätewagen Logistik, Schlauchwagen oder Wechselladerfahrzeuge mit entsprechenden Abrollbehältern, werden für die Beförderung von Ausrüstungen, Löschmitteln und sonstigen Geräten verwendet, die für die Versorgung von taktischen Einheiten an Einsatzstellen benötigt werden.

4.2 Drehleitern

Drehleitern werden zur Rettung von Personen aus Höhen (oder Tiefen), als Angriffsweg für die Feuerwehr, zum Vortragen eines Löschangriffs oder für technische Hilfeleistungen verwendet. Durch die Ausrüstung mit einem Rettungskorb und Anbauteilen, zum Beispiel Krankentragenhalterungen, Flutlichtstrahlern, Wenderohren oder Vorrichtungen für Wärmebildkameras oder Lüftungsgeräte, können Drehleitern vielseitig genutzt werden.

4.2.1 Drehleiter DLAK 12/9

Die Drehleiter DLAK 12/9 ist das kleinste genormte Hubrettungsfahrzeug. Sie wird in Bereichen eingesetzt, in denen auch eine dreiteilige Schiebleiter zur Rettung verwendet werden könnte, in denen aber aufgrund der örtlichen Gegebenheiten höhere Anforderungen bestehen, zum Beispiel hinsichtlich der Rettung von Personen. Die Nenn-Rettungshöhe beträgt 12 Meter, bei einer Nenn-Ausladung von 9 Meter. Mit dieser Drehleiter kann die Brüstungsoberkante eines Fensters im 4. Obergeschoss eines Gebäudes mit normalen Geschosshöhen erreicht werden. Der einsatztaktische Vorteil dieser Drehleiter ist die Einsetzbarkeit in Bereichen mit enger Bebauung, Altstadtbereichen und ähnlich.

Abbildung 7:
Drehleiter DLAK 12/9
(Quelle: Uwe Bunzel, Frankfurt am Main)

4.2.2 Drehleiter DLAK 18/12

Die Drehleiter DLAK 18/12 wird in Bereichen eingesetzt, in denen Gebäude mit mehreren Geschossen stehen, die mit einer dreiteiligen Schiebleiter nicht mehr erreicht werden können. Die Nenn-Rettungshöhe beträgt 18 Meter, bei einer Nenn-Ausladung von 12 Meter. Mit dieser Drehleiter kann die Brüstungsoberkante eines Fensters im 6. Obergeschoss eines Gebäudes mit normalen Geschosshöhen erreicht werden. Die DLAK 18/12 wird vornehmlich von Feuerwehren in Gemeinden und Städten mit engen Innenstadt- oder Altstadtbereichen eingesetzt, in denen nur entsprechend hohe Gebäude vorhanden sind.

Abbildung 8:
Drehleiter DLAK 18/12
(Quelle: Uwe Bunzel, Frankfurt am Main)

4.2.3 Drehleiter DLAK 23/12

Die Drehleiter DLAK 23/12 wird in Bereichen mit höheren Gebäuden eingesetzt. Mit ihr kann die Hochhausgrenze erreicht werden, das heißt, eine Nutzungseinheit in einem normalen Wohngebäude mit einer Fußbodenoberkante von 22 Meter über der Aufstellfläche für Feuerwehrfahrzeuge (Brüstungshöhe gleich 23 Meter). Die Nenn-Rettungshöhe beträgt 23 Meter, bei einer Nenn-Ausladung von 12 Meter. Die Drehleiter DLAK 23/12 ist das am häufigsten beschaffte Hubrettungsfahrzeug in Deutschland und in der Regel auch die „Standard-Drehleiter" der Feuerwehren in größeren Gemeinden und Städten sowie der Berufsfeuerwehren.

Abbildung 9:
Drehleiter DLAK 23/12
(Quelle: Uwe Bunzel, Frankfurt am Main)

4.2.4 Sonstige Drehleitern

Bei **Drehleitern mit Gelenkarm** handelt es sich um Drehleitern mit mehrteiligem Leitersatz, in dessen oberen Leiterteil ein Gelenk eingebaut ist. Das Leiterteil mit dem Rettungskorb lässt sich bis zu 75 Grad nach unten abwinkeln. Somit können auch zurückgesetzte Mansardenwohnungen, Dachgeschosse oder -flächen, Dachgauben, Dachfenster, Bereiche hinter Brüstungen oder Bereiche in verwinkelten Industrieanlagen erreicht werden.

Um die Einsetzbarkeit von Drehleitern in innerstädtischen Bereichen zu verbessern, werden Drehleitern eingesetzt, die die nach Norm maximal zulässige Fahrzeughöhe von 3,30 Meter deutlich unterschreiten. Diese **Drehleitern in Niedrigbauart** können insbesondere in Altstadtbereichen oder beim Befahren von Innenhöfen mit geringen Zufahrtshöhen eingesetzt werden. Die geringe Fahrzeughöhe wird durch spezielle Fahrerkabinen erreicht, die vor die Vorderachse verlegt und tiefer gesetzt sind.

Aufgrund der Länge der einzelnen Leiterteile sind für Drehleitern DLAK 23/12 Fahrgestelle mit entsprechend langem Radstand erforderlich. Dies hat dann aber einen großen Wendekreis zur Folge. Um die Wendigkeit dieser Drehleitern auch in engen Innenstadtbereichen sicherzustellen, werden teilweise Fahrgestelle mit kurzem Radstand und gelenkter **Nachlaufachse** oder Fahrgestelle mit **lenkbaren Hinterachsen** verwendet.

4.2.5 Beladung der Drehleitern

Die Beladung der genormten Drehleitern besteht aus der Standardbeladung sowie der Beladung auf Wunsch des Bestellers.

Tabelle 3: Beladung der genormten Drehleitern

DLAK ...			
23/12	**18/12**	**12/9**	**Gegenstand**
Schutzkleidung und Schutzgerät			
3 Stück	3 Stück	3 Stück	Warnkleidung (Weste)[1)]
2 Stück	2 Stück	2 Stück	Atemschutzgerät (Pressluftatmer)
2 Stück	2 Stück	2 Stück	Atemschutzmaske (Vollmaske)
1 Stück	1 Stück	1 Stück	Atemschutzmaske (Vollmaske)[2)]
2 Stück	2 Stück	2 Stück	Kombinationsfilter ABEK-P
2 Stück	2 Stück	2 Stück	Kombinationsfilter ABEK-P[2)]
2 Satz	2 Satz	2 Satz	Schutzausrüstung für Benutzer von Kettensägen (Schnittschutzhose, -jacke, -handschuhe, Schutzhelm)
50 Paar	50 Paar	50 Paar	Infektionsschutzhandschuhe
Löschgerät			
1 Stück	1 Stück	1 Stück	tragbarer ABC-Pulverlöscher mit 6 kg Inhalt
Schläuche, Armaturen und Zubehör			
1 Stück	1 Stück	–	Druckschlauch B-75–35[2)]
2 Stück	2 Stück	2 Stück	Druckschlauch B-75–20
2 Stück	2 Stück	2 Stück	Druckschlauch C 42–15
1 Stück	1 Stück	–	Verteiler BV
1 Stück	–	–	Standrohr 2B[2)]
1 Stück	1 Stück	1 Stück	Übergangsstück B-C
1 Stück	1 Stück	1 Stück	Hohlstrahlrohr C
2 Stück	2 Stück	2 Stück	Seilschlauchhalter
2 Stück	2 Stück	2 Stück	Kupplungsschlüssel ABC

Tabelle 3: Beladung der genormten Drehleitern (Fortsetzung)

DLAK ...			
23/12	**18/12**	**12/9**	**Gegenstand**
1 Stück	1 Stück	1 Stück	Schlüssel B für Überflurhydranten
1 Stück	–	–	Schlüssel C für Unterflurhydranten
1 Paar	–	–	Schachthaken, verbunden mit Kette[2)]
1 Stück	1 Stück	1 Stück	Wenderohr/Wasserwerfer[2)]
Rettungsgerät			
2 Stück	2 Stück	2 Stück	Feuerwehrleine FL 30, mit Beutel
Sanitäts- und Wiederbelebungsgerät			
1 Stück	1 Stück	1 Stück	Krankentrage, mit Krankentragelagerung[2)]
1 Stück	1 Stück	1 Stück	Verbandkasten oder Notfalltasche/-rucksack
Beleuchtungs-, Signal- und Fernmeldegerät			
2 Stück	2 Stück	2 Stück	explosionsgeschützte Einsatzleuchte
2 Stück	2 Stück	2 Stück	explosionsgeschützter Handscheinwerfer[2)]
2 Stück	2 Stück	2 Stück	Warndreieck
2 Stück	2 Stück	2 Stück	Warnleuchte
2 Stück	2 Stück	2 Stück	Warnflagge, weiß-rot-weiß
2 Stück	2 Stück	2 Stück	Handsprechfunkgerät für den Einsatzstellenfunk
Arbeitsgerät			
1 Stück	1 Stück	1 Stück	tragbarer Stromerzeuger, Nennleistung 5 kVA[2)]
1 Stück	1 Stück	1 Stück	Einreißhaken OV
1 Stück	1 Stück	1 Stück	Kettensäge mit Verbrennungs- oder Elektromotor
1 Stück	1 Stück	1 Stück	Spaltkeil
1 Stück	–	–	Bindestrang, Länge 2.000 mm[2)]
1 Rolle	–	–	Bindedraht, Durchmesser etwa 1,5 mm[2)]
2 Stück	2 Stück	–	Auffahrbohle

Tabelle 3: Beladung der genormten Drehleitern (Fortsetzung)

DLAK ...			
Handwerkzeug und Messgerät			
1 Stück	1 Stück	1 Stück	multifunktionales Hebel-/Brechwerkzeug
1 Stück	1 Stück	1 Stück	Spalthammer
1 Stück	1 Stück	1 Stück	Holzaxt B 2[2)]
1 Stück	1 Stück	1 Stück	Werkzeugkasten, mit Werkzeugsätzen
1 Stück	1 Stück	1 Stück	Bügelsäge, mit Schnellschnitt-Sägeblatt
1 Stück	1 Stück	1 Stück	Spaten 850[2)]
1 Stück	1 Stück	1 Stück	Bolzenschneider
Sondergerät			
1 Stück	1 Stück	1 Stück	Doppelkanister, gefüllt, für Kettensäge
1 Stück	1 Stück	1 Stück	Abgasschlauch
2 Stück	2 Stück	2 Stück	Unterlegkeil

[1)] entfällt, wenn eine Warnwirkung durch die mitgeführte Schutzkleidung sichergestellt ist
[2)] auf Wunsch des Bestellers

4.3 Rüstwagen

Der genormte Rüstwagen RW wird aufgrund seiner Ausstattung und seiner technischen Einrichtungen zur Durchführung von technischen Hilfeleistungen – auch größeren Umfangs – verwendet und soll die Ausrüstungen und Geräte zur technischen Hilfeleistung anderer Einsatzfahrzeuge ergänzen und die Einsatzbereiche abdecken, die von diesen Fahrzeugen nicht oder nur unzureichend bewältigt werden können. Der Rüstwagen verfügt dafür über eine vom Fahrzeugmotor angetriebene maschinelle Zugeinrichtung, einen vom Fahrzeugmotor angetriebenen Stromerzeuger, einen betriebsbereit angebauten Lichtmast und eine feuerwehrtechnische Beladung.

Die Beladung des genormten Rüstwagens besteht aus der Beladung für die technische Hilfeleistung, der Beladung „Gerätesatz Öl“ und einer Zusatzbeladung auf Wunsch des Bestellers, entsprechend den einsatztaktischen Erfordernissen und abhängig von den verbleibenden Raum- und Massenreserven.

Abbildung 10: Rüstwagen RW (Quelle: Schlingmann GmbH & Co. KG, Dissen)

Die Beladung „Gerätesatz Öl“ darf entfallen, wenn sichergestellt ist, dass diese Ausrüstungen und Geräte auf anderem Wege, zum Beispiel mit einem Gerätewagen, zur Einsatzstelle gelangen.

Tabelle 4: Beladung für Technische Hilfeleistung

Anzahl	Gegenstand
Schutzkleidung und Schutzgerät	
3 Stück	Warnkleidung (Weste)[1)]
4 Stück	Wathose, mineralölbeständig, mit angearbeiteten Schutzstiefeln
4 Paar	Schutzstiefel, aus Kunststoff
4 Paar	Schutzhandschuhe, etwa 350 mm lang, öl- und chemikalienbeständig
2 Stück	Schnittschutzkleidung Form C (Hose oder Beinlinge)
2 Stück	Schutzhelm für Benutzer von Kettensägen
2 Stück	Schutzbrille, dicht am Auge schließend
4 Stück	Vollsichtschutzbrille, zum Schutz vor spritzenden Flüssigkeiten
10 Stück	Feinstaubmasken FFP 3 S, mit Ausatemventil

Tabelle 4: Beladung für Technische Hilfeleistung (Fortsetzung)

Anzahl	Gegenstand
1 Satz	Gehörschutzstöpsel, mindestens 50 Paare, in Spender
3 Stück	Atemschutzmaske, mit Kombinationsfilter ABEK-P und Tragebehälter
Löschgerät	
1 Stück	Löschdecke, in wiederverwendbarer Schutzhülle
2 Stück	tragbarer ABC-Pulverlöscher mit 6 kg Inhalt
1 Stück	tragbarer Schaum-Löscher mit 9 L Inhalt
1 Stück	tragbarer Kohlendioxid-Löscher mit 5 kg Inhalt
Schläuche, Armaturen und Zubehör	
4 Stück	Mehrzweckleine mit Karabinerhaken, Länge 20 m, in Beutel
1 Paar	Schachthaken, verbunden mit Kette
2 Stück	Schachtdeckelheber mit Griff, Länge etwa 500 mm
Rettungsgerät	
1 Stück	Multifunktionsleiter MFL
1 Stück	Tragetuch, mit Tasche
2 Stück	Feuerwehrleine FL 30, mit Beutel
1 Satz	Gerätesatz Absturzsicherung
1 Satz	Gerätesatz Auf- und Abseilgerät
1 Stück	Dreibein mit Anschlagpunkt, Traglast mindestens 400 kg
Sanitäts- und Wiederbelebungsgerät	
1 Stück	Schleifkorbtrage, aus Kunststoff, mit Haltegurten und Hubgeschirr
1 Stück	Rettungsbrett, mit Spanngurten zur Fixierung von Verletzten
1 Stück	Krankenhausdecke, mit wiederbenutzbarer Schutzhülle
5 Stück	Kunststofffolie, etwa 2.250 mm × 1.400 mm
3 Stück	Leichensack[2)]
1 Stück	Verbandkasten oder Notfalltasche/-rucksack für erweiterte Erste Hilfe

Tabelle 4: Beladung für Technische Hilfeleistung (Fortsetzung)

Anzahl	Gegenstand
Beleuchtungs-, Signal- und Fernmeldegerät	
2 Stück	explosionsgeschützte Einsatzleuchte oder Handscheinwerfer
2 Stück	transportable Beleuchtungseinheit, mit Akku- oder Batteriebetrieb
2 Stück	Flutlichtstrahler, 230 V, 1.000 W, spritzwassergeschützt
1 Stück	Stativ, auf mindestens 3.500 mm ausziehbar, mit Sicherheitsleinen
1 Stück	Aufnahmebrücke für zwei Flutlichtstrahler
1 Stück	Umfeldbeleuchtungssystem, Lichtpunkthöhe etwa 3.500 mm[2)]
2 Stück	Leitungsroller 250 V, Leitungslänge 50 m
2 Stück	Leitungsroller 250 V / 500 V, Leitungslänge 50 m
1 Stück	Leitungsroller 500 V / 250 V, Leitungslänge 40 m, mit Vorsicherungen[2)]
4 Stück	Leitung 250 V, Länge 10 m
1 Stück	Schutzkontakt-Stromverteiler 250 V
2 Stück	Personenschutzeinrichtungen für Einsatzkräfte PSE
6 Stück	Verkehrsleitkegel, voll reflektierend, Höhe etwa 500 mm
1 Kasten	Folienabsperrband, rot-weiß gestreift, Länge etwa 500 m
10 Stück	Stütze für Folienabsperrband, Länge etwa 1.000 mm
2 Stück	Faltsignal, mit Zeichen „Gefahrstelle“
4 Stück	Verkehrswarngerät mit beidseitigem Lichtaustritt
2 Stück	Handsprechfunkgerät für den Einsatzstellenfunk
Arbeitsgerät	
4 Stück	Baustütze E 30/13
4 Stück	Kanalstrebe, belastbar bis 22 kN, verstellbar von 1.100 mm bis 1.400 mm
4 Stück	Kanalstrebe, belastbar bis 25 kN, verstellbar von 800 mm bis 1.100 mm
4 Stück	Kanalstrebe, belastbar bis 25 kN, verstellbar von 600 mm bis 900 mm

Tabelle 4: Beladung für Technische Hilfeleistung (Fortsetzung)

Anzahl	Gegenstand
2 Stück	hydraulische Winde, Hubkraft 100 kN[1)]
1 Stück	Mehrzweckzug MZ 32
1 Satz	Hebesatz mit Hydraulikzylindern H 2
2 Stück	Hebekissen, maximale Hubkraft je 500 kN
2 Stück	Hebekissen, maximale Hubkraft je 200 kN bis 250 kN
1 Stück	Beladungssatz „Hebekissensystem“
1 Stück	Hydraulikaggregat MTO, mit Elektromotor
1 Stück	Hydraulikaggregat ATO oder MTO, mit Verbrennungsmotor
4 Stück	Schlauchpaar für Hydraulikaggregat, Länge jeweils mindestens 10 m
1 Stück	Bereitstellungsplane
2 Satz	Material zum Abdecken von Schnittkanten
1 Stück	Schneidgerät, mindestens BC 180H oder mit höherer Leistung
1 Stück	Spreizer, mindestens BS 50/800 oder mit höherer Leistung
2 Stück	Zugkette für Spreizer, mit Verbindungselementen
1 Satz	Rettungszylinder, mindestens R 60 (3-teiliger Satz)
1 Stück	Rettungszylinder, mindestens R 60/500-X
2 Stück	Schwelleraufsatz für Rettungszylinder
4 Stück	Formteil, für abgestuftes Unterbauen von Personenkraftwagen
2 Stück	Fahrzeug-Stabilisierungsstützen, Stützkraft mindestens 1.000 kg[2)]
1 Satz	Formholz (Keile, Platten), in Transportkasten gelagert
2 Satz	Formholz (Brettschichtholz), in Transportkasten gelagert
6 Stück	Bohle aus Nadelschnittholz, 50 mm × 225 mm × 2.000 mm
4 Stück	Kantholz aus Nadelschnittholz, 120 mm × 160 mm × 2.000 mm
1 Stück	Rettungsplattform RP
1 Rolle	Seil aus Polyamid, Durchmesser etwa 9 mm, Länge 100 m
1 Satz	Anschlagmittel für maschinelle Zugeinrichtung

Tabelle 4: Beladung für Technische Hilfeleistung (Fortsetzung)

Anzahl	Gegenstand
4 Stück	Bindegurt mit Ratsche, zweiteilig mit Haken, Länge 5.000 mm
1 Stück	tragbarer Stromerzeuger, Nennleistung ab 11 kVA
2 Stück	Sandblech aus Aluminium, 400 mm × 1.500 mm
1 Stück	Belüftungsgerät, Luftförderleistung mindestens 10.000 m^3 h^{-1} [2)]
1 Stück	tragbare Kettensäge, mit Verbrennungsmotor, mit Zubehör
1 Stück	tragbare Kettensäge, mit Elektromotor, mit Zubehör
1 Stück	Wendehaken[2)]
2 Stück	Hebehaken, mit Spitze und Griff[2)]
1 Stück	Trennschleifmaschine mit Verbrennungsmotor, mit Zubehör
5 Stück	Universal-Trennschleifscheibe, für Stein, Stahl und Leichtmetall
3 Stück	Trennschleifscheibe, für Stahl
1 Stück	tragbare Kettensäge, zum Trennen von Verbundwerkstoffen
1 Stück	Trenngerät mit gegenläufig rotierenden Sägeblättern[2)]
1 Stück	Säbelsäge mit Elektromotor, mit Zubehör
1 Stück	Bohrhammer mit Elektromotor
1 Stück	Akku-Schrauber, mit Zubehör
1 Stück	Bohr-/Abbruchhammer mit Elektromotor, mit Zubehör
10 Stück	Bauklammer A und C
4 Stück	Transportrolle aus Stahlrohr, Länge 1.000 mm
Handwerkzeug und Messgerät	
1 Stück	multifunktionales Hebel-/Brechwerkzeug
1 Stück	Spalthammer
1 Stück	Nageleisen, Länge mindestens 740 mm
1 Stück	Brechstange, Länge 1.500 mm
1 Stück	Werkzeugkasten Metallbearbeitung WKM 1
1 Stück	Werkzeugkasten Metallbearbeitung WKM 2

Tabelle 4: Beladung für Technische Hilfeleistung (Fortsetzung)

Anzahl	Gegenstand
1 Stück	Werkzeugkasten Holzbearbeitung WKH
1 Stück	Dichtungskasten DK
1 Stück	Sperrwerkzeugkasten SWK
1 Stück	Verkehrsunfallkasten VUK
1 Stück	Verbrauchsmaterialkasten VMK
1 Stück	Feuerwehr-Elektrowerkzeugkasten EWK
1 Stück	Plasma-Schneidgerät, mit Zubehör
1 Stück	tragbarer Druckluftkompressor, zum Betrieb des Plasmaschneidgerätes[2)]
1 Stück	Vorschlaghammer A 5 S
1 Stück	Holzaxt B 2
1 Stück	Bügelsäge B
1 Stück	Bolzenschneider, für Rundmaterial bis Durchmesser 12 mm
2 Stück	Spaten 850
1 Stück	Bundeswehr-Klappspaten
1 Stück	Kreuzhacke
2 Stück	Stechschaufel
2 Stück	Pionierschaufel
2 Stück	Stoßbesen, Breite etwa 400 mm, keine Kunststoffborsten
2 Stück	Gummischieber, Breite 500 mm
1 Satz	Schlüssel für Aufzüge, Sperrpfosten und Schaltschränke
1 Satz	Gewindebolzen, Länge 1.000 mm, M 12, M 16 und M 20
1 Satz	Unterlegscheiben, Durchmesser 5 mm bis 20 mm
1 Satz	Sechskantmuttern, M 12, M 16 und M 20
1 Satz	Kreuzschlitz-Schnellbauschrauben, Senkkopf
1 Satz	Sechskant-Holzschrauben, Durchmesser 5 mm, 6 mm und 8 mm

Tabelle 4: Beladung für Technische Hilfeleistung (Fortsetzung)

Anzahl	Gegenstand
1 Satz	Allzweckdübel, aus Polyamid, Durchmesser 6 mm bis 12 mm
100 Stück	Kammnägel (für Nagelverbinder)
1 Satz	Nagelverbinder (Laschen, Winkel, Balkenschuh)
1 Satz	Einpressdübel, Durchmesser 75 mm und 95 mm
Sondergerät	
1 Stück	Umweltschadenkasten USK
1 Stück	Kraftstoffkanister, Inhalt 20 L, für Stromerzeuger, mit Zubehör
1 Stück	Doppelkanister, mit 5 L Kraftstoff und 2 L Kettenöl
1 Stück	Schleppstange mit Zugöse, Länge etwa 2.000 mm
1 Stück	Starthilfekabel, mit vollisolierten Stahlzangen
1 Stück	Reifenfüllschlauch, mit Manometer
1 Stück	Abgasschlauch, Länge 2.200 mm
2 Stück	Unterlegkeil
1 Rolle	Folie aus Polyethylen, 4 m × 25 m, auf 1.000 mm gefaltet
2 Stück	Ölbindemittel Typ 1, in wieder verschließbarem Behälter

[1)] entfällt, wenn eine Warnwirkung durch die mitgeführte Schutzkleidung sichergestellt ist
[2)] auf Wunsch des Bestellers

4.4 Schlauchwagen

Schlauchwagen werden zum Transport von Druckschläuchen und zum Auslegen von zusammengekuppelten Druckschläuchen vom fahrenden Fahrzeug aus verwendet. Die DIN-Normen für Schlauchwagen wurden zurückgezogen. Ersatzweise können nunmehr Gerätewagen Logistik GW-L2, auf denen als Zusatzbeladung ein Ausrüstungssatz „Wasserversorgung“ verlastet ist, die Aufgaben der ehemals genormten Schlauchwagen übernehmen.

Für Aufgaben im Rahmen des Katastrophenschutzes wurden durch das Bundesamt für Bevölkerungsschutz und Katastrophenhilfe (BBK) genaue und einheitliche Anforderungen für spezielle Schlauchwagen SW-KatS festgelegt. Diese Schlauchwagen entsprechen im Aufbau im Wesentlichen den genormten Gerätewagen Logistik GW-L2.

Abbildung 11: Schlauchwagen SW-KatS in einer aktuellen Bauform (Quelle: Uwe Bunzel, Frankfurt am Main)

Die Schlauchwagen SW-KatS sollen überwiegend zum Fördern von Wasser, auch über längere Wegstrecken, aber auch zum Durchführen von allgemeinen Logistikaufgaben in der Feuerwehr verwendet werden. Das Bundesamt beschafft diese Schlauchwagen und stellt sie den Ländern für den Einsatz im Katastrophenschutz zur Verfügung. Die Beladung ist gemäß dem Begleitheft „Schlauchwagen für den Katastrophenschutz SW-KatS" in eine fahrzeugbezogene und eine feuerwehrtechnische Beladung eingeteilt.

Tabelle 5: Feuerwehrtechnische Beladung

Anzahl	Gegenstand
Schutzkleidung und Schutzgerät	
3 Stück	Warnkleidung (Weste)
3 Stück	Atemschutzmaske, mit Kombinationsfilter ABEK-P und Tragebehälter
2 Stück	Schutzjacke für Benutzer von Kettensägen
2 Stück	Schutzhose für Benutzer von Kettensägen

Tabelle 5: Feuerwehrtechnische Beladung (Fortsetzung)

Anzahl	Gegenstand
2 Stück	Schutzhelm für Benutzer von Kettensägen
4 Stück	Feuerwehrhaltegurt
Löschgerät	
1 Stück	tragbarer ABC-Pulverlöscher mit 12 kg Inhalt
Schläuche, Armaturen und Zubehör	
2 Stück	Druckschlauch B 75–5
100 Stück	Druckschlauch B 75–20
10 Stück	Schlauchkassette B, zur Aufnahme von je 10 Druckschlauch B
6 Stück	Druckschlauch C 42–15
6 Stück	Saugschlauch A-110, Nennlänge 1.500 Millimeter
1 Stück	Saugkorb A
1 Stück	Saugschutzkorb A
1 Stück	Standrohr 2B
1 Stück	Sammelstück A-3B
2 Stück	Verteiler B-CBC
1 Stück	Übergangsstück A-B
1 Stück	Übergangsstück B-C
1 Stück	Hohlstrahlrohr, mit Festkupplung C
2 Stück	Mehrzweckleine A 20-K
12 Stück	Schlauchbrücke 2B-H
5 Stück	Kupplungsschlüssel ABC
1 Stück	Schlüssel B für Überflurhydranten
1 Stück	Schlüssel C für Unterflurhydranten
1 Paar	Schachthaken, verbunden mit Kette
2 Stück	Druckbegrenzungsventil B
2 Stück	Schlauchabsperrung B (Kugelhahn)
10 Stück	Hebelschlauchbinder B

Tabelle 5: Feuerwehrtechnische Beladung (Fortsetzung)

Anzahl	Gegenstand
Rettungsgerät	
1 Stück	Multifunktionsleiter MFL
1 Stück	Tragetuch, mit Tasche
2 Stück	Feuerwehrleine FL 30, mit Beutel
Sanitäts- und Wiederbelebungsgerät	
1 Stück	Verbandkasten K
1 Stück	Krankenhausdecke, mit wiederbenutzbarer Schutzhülle
Beleuchtungs-, Signal- und Fernmeldegerät	
1 Stück	explosionsgeschützter Handscheinwerfer
2 Stück	explosionsgeschützte Einsatzleuchte
4 Stück	Verkehrswarngerät mit beidseitigem Lichtaustritt
8 Stück	Verkehrsleitkegel, voll reflektierend, Höhe etwa 500 mm
1 Stück	Anhaltestab, beidseitig rot leuchtend
4 Stück	Handsprechfunkgerät für den Einsatzstellenfunk
Arbeitsgerät	
1 Stück	Tragkraftspritze PFPN 10–1500, mit Zubehör
16 Stück	zweiteiliger Ratschen-Zurrgurt, mit Haken, zur Ladungssicherung
2 Stück	Anti-Rutschmatte, zur Ladungssicherung
64 Stück	Abriebschutzschlauch, zur Ladungssicherung
1 Stück	tragbare Kettensäge, mit Verbrennungsmotor, mit Zubehör
1 Stück	tragbare Kettensäge, mit Elektromotor, mit Zubehör
1 Stück	Doppelkanister, mit 5 L Kraftstoff und 2 L Kettenöl
2 Stück	Fäll- und Spaltkeil
10 Stück	Bindestrang, Länge 2.000 mm
Handwerkzeug und Messgerät	
1 Stück	multifunktionales Hebel-/Brechwerkzeug
1 Stück	Feuerwehr-Werkzeugkasten FWK

Tabelle 5: Feuerwehrtechnische Beladung (Fortsetzung)

Anzahl	Gegenstand
1 Stück	Werkzeugkasten, 5-teilig, mit Werkzeugsätzen
1 Stück	Holzaxt B 2
1 Stück	Bügelsäge B
1 Stück	Bolzenschneider, für Rundmaterial bis Durchmesser 12 mm
1 Stück	Spaten 850
1 Stück	Stechschaufel
1 Stück	Stoßbesen
Sondergerät	
1 Stück	Abgasschlauch
2 Stück	Unterlegkeil
2 Stück	Kraftstoffkanister, Inhalt 20 L (für Fahrzeug)
1 Stück	Kraftstoffkanister, Inhalt 20 L (für Tragkraftspritze)
1 Stück	flexibler Ausgussstutzen, für Kraftstoffkanister
1 Stück	Arbeitsstellenscheinwerfer
2 Stück	Sandblech aus Aluminium, 400 mm × 1.500 mm
1 Stück	selbstaufrichtender offener Faltbehälter, für 5.000 L Löschwasser

Für die Unterbringung der Tragkraftspritze und der feuerwehrtechnischen Beladung ist zwischen dem Fahrerhaus und der Ladefläche des Schlauchwagens ein Geräteraum mit beidseitiger Entnahmemöglichkeit vorhanden. Auf der über eine Ladebordwand im Heckbereich zugänglichen Ladefläche werden Schlauchkassetten untergebracht, aus denen heraus die in Buchten eingelegten und zusammengekuppelten Druckschläuche B bei langsamer Fahrt aus dem Schlauchwagen verlegt werden können.

Abbildung 12:
Ladefläche eines Schlauchwagens SW-KatS mit Schlauchkassetten und heckseitiger Ladebordwand (Quelle: Uwe Bunzel, Frankfurt am Main)

Wenn auf Wunsch des Bestellers auf einem Gerätewagen Logistik GW-L2 ein Ausrüstungssatz „Wasserversorgung" mitgeführt werden soll, ist dieser vollständig in Rollcontainern, Schlauchkassetten oder Schlauchtragekörben auf der Ladefläche oder teilweise im Gerätekasten zu lagern. Der Ausrüstungssatz beinhaltet die in *Tabelle 5* in der Gruppe „Schläuche, Armaturen und Zubehör" aufgelisteten Gegenstände sowie eine Tragkraftspritze PFPN 10–1500 mit Zubehör. Wird auf Wunsch des Bestellers zusätzlich eine weitere Tragkraftspritze mitgeführt, wird die Anzahl der Saugschläuche und der für die Wasserentnahme erforderlichen Armaturen verdoppelt.

4.5 Selbstkontrolle und Testfragen

(Lösungen siehe Seite 120)

1. Für welche Einsatzmaßnahmen werden Drehleitern verwendet?

a) Zur Rettung von Personen aus Höhen (oder Tiefen).
b) Zur Erkundung und Führung durch den Einsatzleiter.
c) Als Angriffsweg für die Feuerwehr.
d) Zum Vortragen eines Löschangriffs.
e) Zur Durchführung technischer Hilfeleistungen.

2. Welche Merkmale kennzeichnen einen genormten Rüstwagen RW?

a) Eine vom Fahrzeugmotor angetriebene maschinelle Zugeinrichtung.
b) Ein vom Fahrzeugmotor angetriebener Stromerzeuger.
c) Eine mitgeführte Rüstvorrichtung.
d) Ein betriebsbereit angebauter Lichtmast.
e) Eine feuerwehrtechnische Beladung für technische Hilfeleistungen.

3. Welche Gegenstände gehören zur feuerwehrtechnischen Beladung der Schlauchwagen SW-KatS?

a) Drei Atemschutzmasken mit Kombinationsfilter und Tragebehälter.
b) Vier Wathosen mit angearbeiteten Schutzstiefeln.
c) Sechs Druckschläuche C 42–15.
d) Zwei Druckbegrenzungsventile B.
e) Eine Multifunktionsleiter MFL.
f) Ein Tragetuch mit Tasche.
g) Ein selbstaufrichtender offener Faltbehälter für 5.000 Liter Löschwasser.

5 Verhalten bei Gefahr

An Einsatzstellen besteht eine Vielzahl von Gefahren, deren Erfassung die Einsatzkräfte vor besondere Probleme stellen kann. Deshalb werden die Gefahren zunächst in verschiedene Gruppen eingeteilt, die sich die Einsatzkräfte für die Erkundung und Beurteilung der Gefahren leicht merken können und im praktischen Einsatz eine wirksame Hilfe darstellen. Diese Gruppen werden mit einer Buchstabenreihe gekennzeichnet.

A	A	A	A	C	E	E	E	E
Atemgifte	Angst-reaktionen	Aus-breitung	Atomare Strahlung	Chemische Stoffe	Erkrankung Verletzung	Explosion	Elektrizität	Einsturz

Bei dieser Einteilung muss berücksichtigt werden, dass noch weitere Gefahren an einer Einsatzstelle bestehen können, zum Beispiel Gefahren durch den fließenden Verkehr oder Gefahren durch Witterung und Dunkelheit.

Die eingesetzten Trupps müssen in der Lage sein, die an einer Einsatzstelle auftretenden Gefahren zu erkennen. Der jeweilige Truppführer muss unverzüglich eine Meldung zu erkannten Gefahren an den Einheitsführer abgeben, vor allem dann, wenn der Einheitsführer die jeweils vorliegende Gefahrenlage nicht unmittelbar sehen und somit beurteilen kann. Der Truppführer kann dann mit seinem Truppmann im Rahmen des erteilten Auftrages erste Maßnahmen zur Gefahrenabwehr oder Gefahrenbegrenzung einleiten.

5.1 Atemgifte

Atemgifte sind feinverteilte Stoffe oder Stoffgemische in der Umgebungsluft, die über die Atemwege, die Verdauungsorgane und/oder die Haut in den Körper gelangen und dort schädigend wirken. Zu den Atemgiften gehören auch Stoffe, die selbst nicht giftig sind, aber den Sauerstoff der Umgebungsluft verdrängen. Ein Mangel an Sauerstoff kann ebenfalls zu Schädigungen führen und wird deshalb zu dieser Gefahrengruppe gerechnet.

■ Eigenschaften der Atemgifte

Entsprechend ihrem Aggregatzustand können Atemgifte fest, flüssig oder gasförmig und je nach Dichte leichter oder schwerer als Luft sein. Bei festen Atemgiften handelt es sich um kleinste Teilchen, zum Beispiel Staub, Ruß oder Flugasche, die als Schwebstoffe in der Umgebungsluft auftreten. Flüssige Atemgifte sind kleinste Flüssigkeitstropfen, zum Beispiel Nebel oder Aerosole. Gasförmige Atemgifte treten in Form von Gasen oder Dämpfen auf. Atemgifte, die leichter als Luft sind, bilden im Bereich der Entstehungs- oder Austrittstelle eine größere Gefahr. Mit zunehmendem Abstand verflüchtigen sich diese Atemgifte jedoch schnell in höhere Luftschichten. Atemgifte, die schwerer als Luft sind, verhalten sich fast wie Flüssigkeiten und können in tiefergelegene Räume, Gruben, Kanäle oder Schächte „fließen“.

■ Wirkung der Atemgifte

Atemgifte werden aufgrund ihrer unterschiedlichen Eigenschaften und ihrer hauptsächlichen Wirkung in verschiedene Gruppen eingeteilt.

Atemgifte mit erstickender Wirkung sind selbst ungiftig. Durch ihr Vorhandensein in der Umgebungsluft (Einatemluft) wird jedoch der Sauerstoffanteil auf eine für die Atmung nicht mehr ausreichende Menge herabgesetzt und der Körper nicht mehr im ausreichenden Maße mit Sauerstoff versorgt. Diese Atemgifte sind meistens farb-, geruch- und geschmacklos und so für die Einsatzkräfte nicht unmittelbar wahrnehmbar. Zu dieser Gruppe gehören zum Beispiel Methan, Stickstoff oder Propan.

Atemgifte mit Reiz- und Ätzwirkung wirken bereits in geringen Konzentrationen auf die Schleimhäute der oberen Atemwege und können zu Reizungen der Augen und der Haut führen. Beim Eindringen in die Lunge kommt es zu Verätzungen der sonst nur gasdurchlässigen Lungenbläschen, ein Sauerstoffaustausch mit dem Blutkreislauf kann nicht mehr stattfinden. Diese Schädigungen werden unter Umständen erst nach längerer Zeit – der Latenzzeit – bemerkt. Zu dieser Gruppe gehören zum Beispiel Ammoniak, Chlor, nitrose Gase sowie Säure- oder Laugendämpfe.

Atemgifte mit Wirkung auf Blut, Nerven oder Zellen gelangen durch Einatmen in die Lunge oder über die Verdauungsorgane und/oder über die Haut in den Blutkreislauf. Bestimmte Atemgifte können direkt auf das Blut einwirken und verhindern, dass Sauerstoff vom Blut aufgenommen und im Körper weitertransportiert wird. Andere Atemgifte können auf die Nerven einwirken und zu Seh-, Hör- oder Gleichgewichtsstörungen führen. Wieder andere Atemgifte können verhindern, dass Sauerstoff vom Blut an die Körperzellen abgegeben wird. Die Atemgifte können farb-, geruch- oder geschmacklos sein. Ihre Wirkungen sind oftmals erst dann erkennbar, wenn eine gewisse Menge aufgenommen wurde. Beim Einatmen größerer Mengen können schwere Vergiftungserscheinungen auftreten, die auch zum Tode führen können. Zu dieser Gruppe gehören zum Beispiel Aceton, Benzin, Kohlendioxid oder Kohlenmonoxid.

Brandrauch ist ein sichtbares Gemisch aus verschiedenen Verbrennungsprodukten, das sich je nach Art der verbrannten Stoffe, nach Verbrennungstemperatur und -geschwindigkeit und der Sauerstoffkonzentration bei der Verbrennung aus verschiedener Atemgiften in unterschiedlichen Konzentrationen und mit verschiedenen Wirkungen zusammensetzt. Brandrauch besteht im Wesentlichen aus Kohlenmonoxid, Kohlendioxid, Stickoxiden, Schwefeldioxid, Blausäure, Teerkondensaten und Ruß. Die Gefährlichkeit liegt im gleichzeitigen Zusammenwirken mehrerer Atemgifte.

Abbildung 13:
Gefährlicher Brandrauch!
(Quelle: Robin von Gilgenheimb, Feuerwehrforum Wiesbaden112.de)

Schutz vor Gefahren durch Atemgifte

An vielen Einsatzstellen der Feuerwehr ist mit dem Auftreten von Atemgiften zu rechnen. Dies gilt nicht nur für den Einsatz bei Bränden innerhalb von Gebäuden, sondern auch bei Bränden im Außenbereich von Gebäuden, bei Fahrzeug- oder Vegetationsbränden, bei Nachlöscharbeiten sowie bei Einsätzen im Zusammenhang mit gefährlichen Stoffen und Gütern.

Können Einsatzkräfte bei Brand- oder Hilfeleistungseinsätzen durch Einatmen von Atemgiften oder durch Sauerstoffmangel gefährdet werden, müssen sie entsprechend der möglichen Gefährdung geeignete Atemschutzgeräte tragen. Filtergeräte dürfen nur eingesetzt werden, wenn ausreichend Luftsauerstoff vorhanden ist und wenn die Art und die Eigenschaften der vorhandenen Atemgifte bekannt sind. Die Einsatzgrenzen der Atemfilter sind zu beachten. In Zweifelsfällen sind immer von der Umgebungsatmosphäre unabhängige Atemschutzgeräte (Pressluftatmer, ...) zu verwenden.

Hinweis: Ist während eines Einsatzes die Aufnahme von Atemgiften über die Haut nicht auszuschließen, müssen die Einsatzkräfte zusätzlich spezielle Schutzkleidung tragen, zum Beispiel Chemikalienschutzanzüge.

Beim Einsatz von Pressluftatmern muss der Truppführer vor und während des Einsatzes die Einsatzbereitschaft des Trupps überwachen und insbesondere den Behälterdruck kontrollieren. Für die Atemschutzüberwachung muss eine Verbindung zwischen dem Atemschutztrupp und Einsatzkräften, die sich in nicht gefährdetem Bereich aufhalten, sichergestellt werden. Hierfür ist der jeweilige Truppführer verantwortlich.

Bei einem Brand sind betroffene Personen möglichst schnell zu retten und in Sicherheit zu bringen. Dazu können auch Filtergeräte mit Haube zur Selbstrettung (Fluchthauben) genutzt werden. Diese bieten den betroffenen Personen einen gewissen Schutz vor Wärmestrahlung und Einwirkungen durch Atemgifte. Sie können so von den Einsatzkräften durch verrauchte Bereiche (Treppenräume, Flure, ...) in sichere Bereiche geführt werden.

5.2 Angstreaktionen

Betroffene Personen fürchten sich vor ungewissen oder bedrohlichen Situationen – sie haben Angst! Dies ist eine durchaus natürliche, normale Reaktion von Menschen auf eine tatsächliche oder vermeintlich vorhandene gefährliche Situation, sie erzeugt Aufmerksamkeit und mahnt zur Vorsicht. Die Angst selbst ist im Grunde keine Gefahr; vielmehr führen erst die Angstreaktionen zu einer Gefährdung der betroffenen Person selbst oder anderer Personen und auch der Einsatzkräfte. Dies können sofortige oder verzögerte Kurzschlusshandlungen und Fehlreaktionen von Einzelpersonen oder Panikreaktionen von Personengruppen sein.

Angstreaktionen können durch das persönliche Empfinden einer Gefahrenlage ausgelöst werden, deren Auswirkungen von den betroffenen Personen nicht sofort eingeschätzt werden können. Dabei ist zu berücksichtigen, dass Angstreaktionen auch entstehen können, wenn aus Sicht der Einsatzkräfte überhaupt keine Gefahr vorliegt!

■ Angstreaktionen einzelner Personen

Durch eine unmittelbare oder vermeintliche Bedrohung, zum Beispiel durch Eingeschlossen sein, Versperrung eines Fluchtweges oder Wahrnehmung von Rauch, Feuer und lauten Geräuschen können Angstreaktionen ausgelöst werden. Dies kann zu Fehlreaktionen der betroffenen Personen führen. Typische Fehlreaktionen sind zum Beispiel:

- Statt in der rauchfreien Wohnung zu verbleiben, öffnen betroffene Personen Türen und Fenster oder versuchen durch verrauchte Flure oder Treppenräume zu flüchten.
- Personen, denen bei einem Brand der Rückweg abgeschnitten ist, springen von/aus höher gelegenen Gebäudeteilen ohne objektive Notwendigkeit und entgegen der Anweisung der Einsatzkräfte.
- Statt zu flüchten suchen Kinder oder auch Erwachsene Schutz vor Feuer und Rauch, indem sie sich in Schränken oder unter Möbeln verstecken.

■ Panikreaktionen von Personengruppen

Eine Panik kann durch Angstreaktionen von Personen ausgelöst werden. Sie führt dann zu nicht mehr kontrollierbaren und schnell ablaufenden Fluchtbewegungen mit oft dramatischen Auswirkungen. Alle Personen wollen gleichzeitig einen bestimmten Bereich betreten oder verlassen! Die Personen stürzen, fallen übereinander, werden überlaufen oder an Hindernissen durch nachströmende Personen erdrückt, insbesondere dann, wenn Rettungswege unzureichend oder nicht vorhanden sind.

■ Angstreaktionen von Einsatzkräften

Bestimmte Einsatzsituationen können aufgrund fachlicher Unzulänglichkeiten, unzureichender Ausbildung oder mangelnder Erfahrung bei Einsatzkräften zu Angst- und Fehlreaktionen führen. Aber auch gut ausgebildete und erfahrene Einsatzkräfte reagieren nicht immer folgerichtig, wenn zum Beispiel beim Innenangriff eine Durchzündung erfolgt, Gebäudeteile einstürzen oder der Rückzugweg plötzlich abgeschnitten ist. Darüber hinaus können bestimmte Einsatzsituationen für Einsatzkräfte aber auch erhebliche seelische Belastungen zur Folge haben, insbesondere dann, wenn sie mit einer Vielzahl von verletzten Personen oder Toten verbunden sind.

■ Angstreaktionen von Tieren

Angstreaktionen von Tieren können je nach Art und Größe zu einer erheblichen Gefahr für betreuende Personen oder Einsatzkräften werden. Das Verhalten von Tieren in gefährlichen Situationen hängt vor allen Dingen davon ab, ob es sich um Haus-, Nutz-, Wild- oder Zootiere handelt und davon, ob die betroffenen Tiere wild, an den Menschen gewöhnt, zahm oder dressiert sind. So neigen Nutztiere, die in Ställen gehalten werden dazu, nach ihrer Rettung in den Gefahrenbereich zurückzulaufen, um wieder ihren Stall aufzusuchen, der für sie Schutz und Sicherheit bietet. Auch ein größerer Hund, der seinen verunfallten Besitzer beschützen will, kann eine Gefahr für die Rettungs- und Einsatzkräfte darstellen.

■ Schutz vor Gefahren durch Angstreaktionen

Einsatzkräfte müssen mögliche Angstreaktionen von betroffenen Personen berücksichtigen und ihre Einsatzmaßnahmen danach ausrichten. Da Personen oftmals unterschiedlich reagieren, ist es für die Einsatzkräfte schwierig, die Gefährdung durch Angstreaktionen zu erkennen. Manche Personen wirken teilnahmslos oder wie erstarrt, andere wiederum reagieren hysterisch, überaktiv und planlos. Durch ruhiges, besonnenes und auch entschlossenes Auftreten können Einsatzkräfte zur Vermeidung von Angstreaktionen betroffener Personen beitragen. In gefährlichen Situationen benötigen diese Personen schnell handfeste Hinweise und Handlungsanweisungen, um der augenblicklichen Gefährdung auch richtig begegnen zu können. Das Ziel muss es sein, betroffene Personen möglichst schnell aus dem Gefahrenbereich zu bringen und dabei beruhigend auf sie einzuwirken.

Ist eine Panikreaktion von Personengruppen zu befürchten, muss versucht werden, durch klare eindeutige Anweisungen, zum Beispiel über Lautsprecheranlagen oder Megaphone, auf die Personen einzuwirken oder durch Öffnen aller Rettungswege und Wegräumen von Hindernissen ein sicheres Verlassen des Gefahrenbereiches zu ermöglichen.

Durch Trainieren bestimmter Gefahrensituationen im Rahmen von Einsatzübungen unter weitgehend realistischen Bedingungen, durch die richtige Anwendung des Fachwissens oder die Beachtung der einschlägigen Unfallverhütungsvorschriften kann den Fehlreaktionen von Einsatzkräften entgegengewirkt werden. Die Einheitsführer müssen die unterstellten Einsatzkräfte hinsichtlich deren körperlicher und seelischer Verfassung beobachten und sie gegebenenfalls aus dem Einsatzgeschehen herauslösen.

Tiere können in ungewohnten Situationen zu heftigen und schwer abschätzbaren Reaktionen neigen. Ein beruhigendes Einwirken auf die Tiere ist oftmals nicht möglich. Die Rettung von Tieren sollte möglichst unter Mitwirkung von fachkundigen Personen, zum Beispiel Tierärzten oder -pflegern, Landwirten, Züchtern oder Personen, die das Tier kennen, durchgeführt werden. Die geretteten Tiere müssen unter Aufsicht verbleiben, da weiterhin ein unkontrollierbares Verhalten möglich ist.

5.3 Ausbreitung

Ohne Gegenmaßnahmen bleiben Schadenereignisse nicht auf ihre Entstehungsstelle beschränkt, sondern können sich unkontrolliert in verschiedene Richtungen ausbreiten. Die Gefahr der Ausbreitung, die sowohl die Vergrößerung der Wirkung der Schadenereignisse als auch ihre räumliche Ausweitung betrifft, besteht an nahezu jeder Einsatzstelle der Feuerwehr. Dabei ist sowohl die Ausbreitung von Schadstoffen als auch die Ausbreitung eines Brandes von den Einsatzkräften zu berücksichtigen.

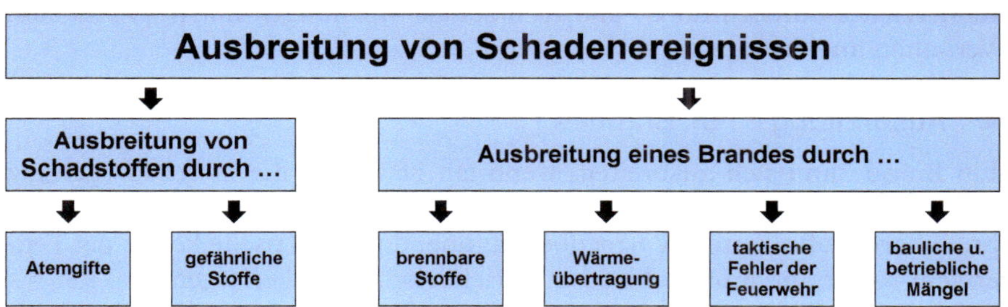

■ Ausbreitung von Schadstoffen

Die Gefahren durch die Ausbreitung von Schadstoffen, das heißt, von Atemgiften oder gefährlichen Stoffen, hängt neben der Art und der Menge der Schadstoffe vor allen von der Zustandsform der jeweiligen Stoffe ab. Feste pulverförmige oder körnige Stoffe sind weniger ausbreitungsfähig und lassen sich deshalb in ihrem Ausbreitungsverhalten verhältnismäßig leicht kontrollieren. Flüssige Stoffe breiten sich immer flächig auf Oberflächen aus und lassen sich in ihrem Ausbreitungsverhalten in Abhängigkeit von der Art der Oberfläche verhältnismäßig leicht beurteilen, kontrollieren und begrenzen. Gasförmige Stoffe breiten sich immer räumlich und vornehmlich in Windrichtung in der Umgebungsluft aus und lassen sich in ihrem Ausbreitungsverhalten nur schwer beurteilen, kontrollieren und begrenzen. Deren Ausbreitungsverhalten hängt grundsätzlich davon ab, ob die Stoffe leichter oder schwerer als Luft sind.

Schutz vor Gefahren durch Ausbreitung von Schadstoffen

Die Ausbreitung von Schadstoffen ist mit geeigneten Maßnahmen und den zur Verfügung stehenden Mitteln zurückzuhalten, zu unterbinden oder zumindest zu begrenzen. Die Austrittsstelle, zum Beispiel an einem leckgeschlagenen Tank oder Behälter, ist möglichst abzudichten, der Stoff aufzufangen, abzupumpen oder umzufüllen. Gase oder Dämpfe sind bezüglich ihrer Konzentration und Zusammensetzung messtechnisch zu überprüfen und bestimmte Gase oder Dämpfe gegebenenfalls mit Wasser niederzuschlagen. Durch die Feuerwehr sind weiterhin Messungen zur Eingrenzung des Gefahrenbereiches durchzuführen und rechtzeitige Warnungen mit Angaben zum Verhalten an Personen zu geben.

Ausbreitung eines Brandes

Ein Brand kann sich ausbreiten, wenn ein Feuer auf die in der Umgebung befindlichen brennbare Stoffe übertragen wird. Die Ausbreitung kann über brennbare Stoffe, durch Wärmeübertragung, durch taktische Fehler der Feuerwehr sowie durch bauliche oder betriebliche Mängel erfolgen.

Die **Ausbreitung über brennbare Stoffe** von einem Objekt auf ein anderes hat oft die Vergrößerung des Brandes zur Folge. Ausbreitungsmöglichkeiten sind Funkenflug, Flugfeuer, Feuerbrücken oder Feuerüberschlag.

- Beim Funkenflug werden kleinste glühende Teilchen durch aufsteigende Brandgase und Wind aufgewirbelt und fortgetragen. Funken können auch bei Schweiß- oder Schleifarbeiten oder durch Elektrizität entstehen.
- Ein Flugfeuer besteht aus größeren brennenden Teilen, die durch aufsteigende Brandgase und Wind brennend fortgetragen werden, brennend oder glühend niederfallen und so andere Stoffe entzünden.
- Als Feuerbrücke bezeichnet man brennbare Stoffe, die sich zwischen brennenden Objekten und nicht brennenden Objekten befinden. Sie entstehen zu Beispiel durch falsches Abstellen oder Lagern oder durch unsachgemäßen Einbau von brennbaren Stoffen.
- Ein Feuerüberschlag kann bei Bränden in Gebäuden über Öffnungen an der Außenfassade von unten nach oben oder in Gebäudeecken seitlich von einem Geschossabschnitt auf einen anderen entstehen.

Die **Ausbreitung durch Wärmeübertragung** von einem voll entwickelten Brand auf seine Umgebung kann durch Wärmestrahlung, Wärmeleitung oder Wärmeströmung erfolgen.

- Die Wärmestrahlung ist eine elektromagnetische Wellenstrahlung, die ein brennender Stoff in die Umgebung ausstrahlt. Sie breitet sich nach allen Seiten, auch entgegengesetzt zur Windrichtung, gleichmäßig aus.
- Die Wärmeleitung ist die Wärmeübertragung innerhalb fester Stoffe. Wird ein Körper an einem Ende erwärmt, stellt sich nach einer bestimmten Zeit am gegenüberliegenden Ende eine erhöhte Temperatur ein.
- Die Wärmeströmung ist eine Wärmeübertragung über flüssige oder gasförmige Stoffe, die die Wärme mitführen und an anderer Stelle wieder abgeben. Bei Bränden geschieht dies durch die erwärmte Luft.

Die **Ausbreitung durch taktische Fehler der Feuerwehr**, zum Beispiel durch unzureichende Erkundungen, verspätete Nachforderungen, Verwendung falscher Löschmittel oder falsche Anwendung der Löschmittel, können zu einer ungewollten Brandausbreitung führen.

- Eine unzureichende Erkundung liegt dann vor, wenn der vorgegebene Ablauf des Führungsvorgangs von den Einheitsführer beziehungsweise der Einsatzleitung nicht beachtet wird und sich daraus eine falsche Beurteilung der Lage ergibt.
- Werden zusätzlich erforderliche taktische Einheiten, Löschwasser oder sonstige Löschmittel verspätet nachgefordert, können bereits eingeleitete Löschmaßnahmen gegebenenfalls wirkungslos bleiben.
- Die Verwendung falscher Löschmittel, zum Beispiel Wasser bei brennbaren Flüssigkeiten, oder falscher Anwendung der Löschmittel, zum Beispiel Vollstrahl bei Staubbränden, kann es in Folge zu heftigen Reaktionen und zu einer ungewollten Brandausbreitung kommen.

Die **Ausbreitung durch bauliche oder betriebliche Mängel**, zum Beispiel die fehlende oder unzureichende Unterteilung der Gebäude in Brandabschnitte, die Verwendung ungeeigneter Baustoffe oder die unzulässigen Öffnungen in Wänden und Decken, begünstigt die Ausbreitung eines Brandes.

Zu den betrieblichen Mängeln gehören zum Beispiel das Unterkeilen von Feuerschutztüren im geöffneten Zustand, die unsachgemäße Lagerung von brennbaren oder leicht entzündlichen Materialien, die mangelhafte Wartung von Löschanlagen sowie das Nichteinhalten von Rauchverboten.

■ Schutz vor Gefahren durch Ausbreitung eines Brandes

Da sich ein Brand nicht in alle Richtungen gleichzeitig und unkontrolliert ausbreitet, wird sich bei jedem Brand eine bestimmte Hauptausbreitungsrichtung entwickeln. Nach Möglichkeit werden die Löschmaßnahmen aus dieser Richtung vorgetragen. Die vorgehenden Trupps können dabei unmittelbar durch den sich ausbreitenden Brand gefährdet werden. Sie müssen deshalb genau darauf achten, dass jederzeit ein geeigneter Rückzugweg erhalten bleibt. Von außen muss die Einsatzstelle vom jeweiligen Einheitsführer genau „beobachtet“ und die Gefahr der Ausbreitung beurteilt werden, um die vorgehenden Trupps rechtzeitig zurückziehen zu können. Die Truppführer der vorgehenden Trupps müssen umgehend Rückmeldung geben, wenn die vorgesehenen Einsatzmaßnahmen keinen Erfolg zeigen oder sich der Brand trotz eingeleiteter Maßnahmen weiter ausbreitet.

5.4 Atomare Strahlung

Im allgemein verwendeten Merkschema der Feuerwehren zu den Gefahren an einer Einsatzstelle werden in der Gruppe **„Atomare Strahlung“** die Gefahren erfasst, die von der ionisierenden Strahlung bestimmter radioaktiver Stoffe ausgehen.

Hinweis: Die Gefahren durch ionisierende Strahlung und die notwendigen Schutzmaßnahmen werden im Kapitel 8 beschrieben.

5.5 Chemische Stoffe

Ordnungsgemäß verarbeitete, gelagerte oder transportierte chemische Stoffe und Güter stellen zunächst keine besondere Gefahr dar. Wenn sie aber durch unsachgemäße Handhabung oder äußere Einwirkungen unkontrolliert frei werden, ist der Einsatz der Feuerwehr erforderlich.

Hinweis: Die Gefahren durch chemische Stoffe und die notwendigen Schutzmaßnahmen werden im Kapitel 8 beschrieben.

5.6 Erkrankung und Verletzung

Bei Schadenereignissen besteht die Gefahr, dass Personen oder Einsatzkräfte Gesundheits- oder Körperschäden erleiden, die ein solches Ausmaß annehmen, dass ein lebensbedrohlicher Zustand eintritt. Weiterhin können Einsatzmaßnahmen durch bereits vorliegende Erkrankungen oder Verletzungen von betroffenen Personen erschwert werden. Diese können sich deshalb nicht selbst in Sicherheit bringen und müssen mit erhöhtem Aufwand aus dem Gefahrenbereich gerettet werden.

■ Erkrankungen der Einsatzkräfte

Die Einsatzkräfte haben bei bestimmten Einsatztätigkeiten einen sehr engen Kontakt mit betroffenen Personen. Dabei besteht die Gefahr, dass sich die Einsatzkräfte mit Krankheiten anstecken, die von den betroffenen Personen auf sie übertragen werden. Darüber hinaus können die Einsatzkräfte bei ihren Einsatztätigkeiten mit gesundheitsschädlichen Stoffen in Berührung kommen, die ebenfalls Erkrankungen verursachen können.

■ Schutz der Einsatzkräfte vor Erkrankungen

Die Gefahr einer Erkrankung können Einsatzkräfte vermeiden beziehungsweise verringern, wenn sie die jeweils notwendigen Maßnahmen der Einsatzhygiene beachten. Dazu gehört unter anderem:

- Kontakt mit Blut von betroffenen Personen vermeiden
- Infektionsschutzhandschuhe tragen
- Hilfsgeräte wie Beatmungsbeutel oder Beatmungsmasken verwenden
- Kontakt mit Ruß, Asche oder Brandschutt möglichst vermeiden
- bei Nachlöscharbeiten geeignete Atemschutzgeräte tragen
- Schutzkleidung und Geräte an der Einsatzstelle grob vorreinigen
- verschmutzte Schutzkleidung nicht im Mannschaftsraum transportieren
- Schutzkleidung und Geräte fachgerecht reinigen oder reinigen lassen

■ Verletzungen

Verletzungen von betroffenen Personen oder Einsatzkräften können durch unterschiedliche mechanische, thermische oder chemische Einwirkungen, zum Beispiel durch Schlag, Stoß, Quetschung, durch Verbrennungen, Verbrühungen, Erfrierungen oder durch Verätzungen und Vergiftungen als Folge von Bränden oder sonstigen Unglücksfällen entstehen. Einsatzkräfte müssen jederzeit bestrebt sein, Verletzungen zu vermeiden beziehungsweise zu verhindern. Eine wesentliche Maßnahme ist dabei die Beachtung und Anwendung der einschlägigen Unfallverhütungsvorschriften sowie die Verwendung geeigneter Schutzausrüstungen. Hierbei sind auch die Truppführer für die Sicherheit ihrer Trupps verantwortlich.

■ Erste-Hilfe-Maßnahmen

Auch wenn in vielen Schadenfällen mit verletzten Personen der Rettungsdienst oft gleichzeitig mit der Feuerwehr vor Ort ist, gehört die Durchführung von Erste-Hilfe-Maßnahmen zu den wesentlichen Aufgaben der Feuerwehr. Dies ist besonders dann notwendig, wenn eine Vielzahl verletzter Personen an einer Einsatzstelle angetroffen wird (MANV – Massenanfall von Verletzten) oder wenn bei Brandbekämpfungs- oder Hilfeleistungseinsätzen eigene Einsatzkräfte verletzt werden und der Rettungsdienst noch nicht vor Ort ist. Grundsätzlich dürfen keine betroffenen oder verletzten Personen unversorgt alleingelassen werden.

Abbildung 14: Unterstützung des Rettungsdienstes! (Quelle: Sebastian Stenzel, Feuerwehrforum Wiesbaden112.de)

Der Einsatz der Feuerwehr wird sich aber oftmals auf die Unterstützung des Rettungsdienstes beschränken. Die Einsatzkräfte können als Erste-Hilfe-Maßnahme zum Beispiel bewusstlose Personen mit Eigenatmung in eine stabile Seitenlage bringen, Blutungen stillen oder gebrochene Gliedmaßen stabilisieren. Bei schwerwiegenden Verletzungen kann ein lebensbedrohlicher Zustand eintreten, der die unmittelbare Anwendung lebensrettender Sofortmaßnahmen durch einen Notarzt, das Personal des Rettungsdienstes aber auch durch die Einsatzkräfte der Feuerwehr erfordert. Diese Sofortmaßnahmen richten sich auf die Erhaltung beziehungsweise die Wiederherstellung von Atmung, Kreislauf und Herztätigkeit.

5.7 Explosion

Im allgemein verwendeten Merkschema zu den Gefahren an einer Einsatzstelle werden in der Gruppe **„Explosion“** unterschiedliche chemische und physikalische Vorgänge zusammengefasst, deren Auswirkungen aber ähnlich sind. Zu dieser Gruppe gehören die Explosionen von festen, flüssigen oder gasförmigen Stoffen und sonstige explosionsartige Vorgänge, zum Beispiel das Bersten von Behältern, Fettexplosionen, Stichflammen, Rauchdurchzündungen oder Rauchgasexplosionen.

■ Explosion von festen, flüssigen oder gasförmigen Stoffen

Eine Explosion ist eine schnell verlaufende Verbrennung, bei der in kürzester Zeit große Gas- und Wärmemengen freigesetzt werden und eine starke Druckwelle entsteht. Zu einer Explosion kann es bei der Verbindung von Sauerstoff mit einem festen, flüssigen und gasförmigen Stoff kommen. Dazu ist ein entsprechendes Mischungsverhältnis notwendig.

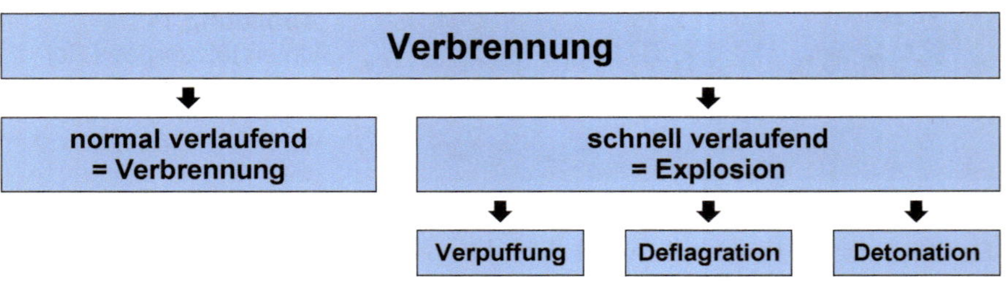

Eine Verpuffung kann als „schwache“ Explosion mit langsamem Verbrennungsverlauf und mäßigem Druckanstieg bezeichnet werden. Bei einer Deflagration erfolgt ein schneller Verbrennungsverlauf mit großem Druckanstieg, da sich der brennbare Stoff in einem günstigen Mischungsverhältnis mit Sauerstoff befindet. Eine Detonation entsteht, wenn brennbare Stoffe mit reinem Sauerstoff vermischt oder Sprengstoffe gezündet werden.

Werden **feste Stoffe** in kleinste Teilchen (in Staub) zerteilt, erhöht sich die Gesamtoberfläche der Stoffe im Vergleich zur Masse. Wenn der Staub dann im richtigen Mischungsverhältnis mit dem Sauerstoff der Umgebungsluft vorliegt und entzündet wird, kann es zu einer explosionsartigen Verbrennung kommen. Die an der Oberfläche austretenden Dämpfe brennbarer **flüssiger Stoffe** können mit dem Sauerstoff der Umgebungsluft ein zündfähiges Gemisch bilden und aufgrund ihrer guten Durchmischung mit dem Sauerstoff explosionsartig verbrennen. **Gasförmige Stoffe** bestehen aus kleinsten Teilchen, die sich bei ihrem Freiwerden unmittelbar mit der Umgebungsluft vermischen. Brennbare gasförmige Stoffe können sehr leicht gezündet werden und dann explosionsartig verbrennen.

■ Explosionsbereich und Explosionsgrenzen

Je besser das richtige Mengenverhältnis zwischen einem brennbaren Stoff und Sauerstoff getroffen wird, umso schneller verläuft eine Verbrennung; je weiter vom richtigen Mengenverhältnis abgewichen wird, um so langsamer wird die Verbrennung, bis eine Grenze erreicht wird, an der keine Zündung möglich ist und so auch keine Verbrennung mehr stattfindet.

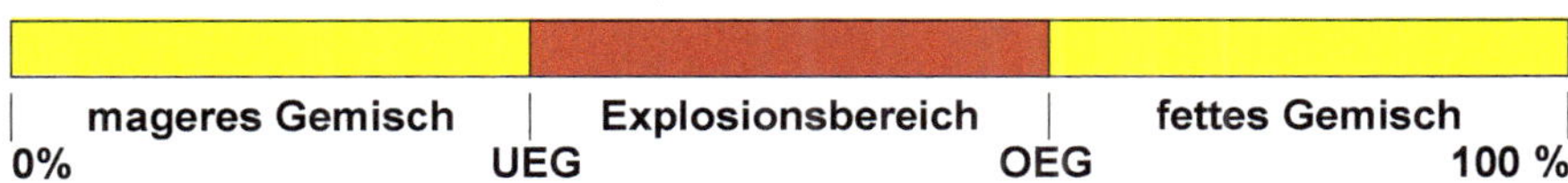

Der Bereich, in dem ein Gemisch aus Gasen, Dämpfen oder Stäuben und Sauerstoff gezündet werden kann, ist der **Explosionsbereich.** Die obere und untere Grenze mit der höchsten beziehungsweise niedrigsten Konzentration eines solchen Gemisches ist die **obere Explosionsgrenze** (OEG) beziehungsweise die **untere Explosionsgrenze** (UEG).

■ Sonstige explosionsartige Vorgänge

Das **Bersten eines Behälters** kann mit einer explosionsartigen Heftigkeit erfolgen. Wenn Gase in geschlossenen Behältern erwärmt werden, dehnen sich die Gase aus und der Innendruck im Behälter steigt an. Im Gegensatz zu Druckbehältern mit verdichteten Gasen (zum Beispiel Atemluft) ist der Druckanstieg in Behältern mit unter Druck verflüssigten Gasen (zum Beispiel Propan) oder mit unter Druck gelösten Gasen (zum Beispiel Acetylen) noch wesentlich stärker. Steigt der Druck in einem erwärmten Behälter sehr stark an, kann dieser bersten und Teile des Behälters weit weggeschleudert werden. Ist ein Behälter mit einem brennbaren Gas gefüllt, kann dem Bersten des Behälters eine explosionsartige Verbrennung folgen.

Zu einer **Fettexplosion** kommt es, wenn Wasser in einen Behälter mit einer stark erhitzten, nicht mit Wasser mischbaren Flüssigkeit (zum Beispiel Öl oder Fett) eindringt. Da das Wasser eine höhere Dichte als diese Flüssigkeiten hat, dringt es in die unteren Schichten der erhitzten Flüssigkeit ein.

Das Wasser verdampft nach der Erwärmung schlagartig und vergrößert sein Volumen um ein Vielfaches. Dadurch wird die erhitzte Flüssigkeit aus dem Behälter geschleudert und in feinste Tröpfchen verteilt. Die feine Verteilung führt dann zu einer explosionsartigen Verbrennung

Eine **Stichflamme** ist eine aus einem Raum herausschlagende Flamme, die vor allem im Deckenbereich austreten kann. Wird die Tür oder ein Fenster zu einem Brandraum geöffnet, vermischen sich die ausströmende Brandgase mit der Umgebungsluft und verbrennen mit Bildung langer, heißer Flammen schlagartig. In der Folge dieser Stichflammenbildung kann es dann zu einem explosionsartigen Durchzünden des ganzen Raumes kommen.

Eine **Rauchdurchzündung** (Flash-over) entsteht, wenn bei einem Brand in einem geschlossenen Raum noch nicht brennendes Material so erwärmt wird, dass aus dem Material brennbare Gase (Pyrolysegase) austreten, die sich in der Rauchschicht unter der Decke des Raumes stauen. Wenn sich die Pyrolysegase beim Öffnen einer Tür oder eines Fensters mit dem Sauerstoff der einströmenden Umgebungsluft vermischen (überschreiten der unteren Explosionsgrenze), kommt es zu einem schlagartigen Durchzünden und zu einem voll entwickelten Brand des gesamten Raumes.

Eine **Rauchgasexplosion** (Backdraft) entsteht, wenn es in einem geschlossenen, gut abgedichteten Raum zu einem Brand mit unzureichender Zufuhr von Sauerstoff kommt. Die zunächst offenen Flammen erlöschen weitgehend und der Brand geht in einen Schwelbrand über. Dabei entstehen große Mengen Schwelgase. Durch die weiter ansteigenden Temperaturen im Raum wird noch nicht brennendes Material erwärmt und bildet Pyrolysegase, die zusammen mit den Schwelgasen ein fettes Gemisch mit zu viel brennbaren Gasen und zu wenig Sauerstoff bilden (überschreiten der oberen Explosionsgrenze). Beim Öffnen einer Tür oder eines Fensters verschiebt sich durch den Sauerstoff der einströmenden Umgebungsluft das zu fette Gemisch in den Explosionsbereich und es kommt sofort zu einem explosionsartigen Durchzünden und zu einem voll entwickelten Brand des gesamten Raumes.

■ Schutz vor Gefahren durch Explosionen

Wenn an einer Einsatzstelle eine akute Explosionsgefahr besteht oder vermutet wird, müssen von den Feuerwehren Einsatzmaßnahmen angewandt werden, um eine Explosion zu verhindern oder zu vermeiden. Neben den allgemeinen Schutzmaßnahmen, zum Beispiel Abstand halten, Deckungen nutzen, Gefahrenbereich verlassen, Messungen durchführen oder Zündquellen vermeiden, müssen in Abhängigkeit von den jeweiligen Gefahren zusätzliche Schutzmaßnahmen beachtet werden. Dazu die folgenden Beispiele:

Bei der Gefahr einer **Staubexplosion** müssen die vorgehenden Trupps Staubaufwirbelungen vermeiden, indem sie nur mit Sprühstrahl löschen. Darüber hinaus muss der Einsatz von tragbaren Belüftungsgeräten unterbleiben. Bei Gefahren durch auslaufende **brennbare Flüssigkeiten** oder durch freiwerdende **brennbare Gase** müssen unter anderem Absperrbereiche festgelegt, Messungen durchgeführt, tragbare Belüftungsgeräte eingesetzt und Zündquellen vermieden werden. Auslaufende Flüssigkeiten müssen möglichst eingedämmt und Flüssigkeitsoberflächen gegebenenfalls mit Mittelschaum bedeckt werden. Freiwerdende Gase müssen gegebenenfalls mit Sprühstrahl niedergeschlagen, abgedrängt oder verwirbelt werden.

Um das **Bersten von Behältern** zu verhindern, müssen der Brand im Bereich der Behälter gelöscht, die Behälter aus der Deckung heraus mit viel Wasser gekühlt und/oder die Behälter aus dem Gefahrenbereich entfernt werden.

Abbildung 15: Gefahr durch brandbeaufschlagte Druckbehälter! (Quelle: Michael Ehresmann, Feuerwehrforum Wiesbaden112.de)

Bei der Gefahr einer **Fettexplosion** darf kein Wasser zum Löschen eingesetzt werden. Behälter mit brennenden Fetten oder Ölen sind nach Möglichkeit abzudecken oder zu schließen oder mit Schaum zu löschen. Bei der Gefahr durch eine **Stichflamme** müssen die vorgehenden Trupps kriechend oder in gebückter Haltung vorgehen, ein unter Druck stehendes Strahlrohr bereithalten und Türen zum Brandraum aus der Deckung heraus öffnen.

Bei Gefahren durch eine **Rauchdurchzündung** oder eine **Rauchgasexplosion** müssen die vorgehenden Trupps ebenfalls kriechend oder in gebückter Haltung vorgehen, ein unter Druck stehendes Strahlrohr bereithalten und Türen zum Brandraum aus der Deckung heraus öffnen. Zur Kühlung der Rauchschicht wird dann Wasser stoßweise für jeweils wenige Sekunden mit Sprühstrahl schräg nach oben in den Brandraum gegeben.

5.8 Elektrizität

Elektrizität ist an vielen Einsatzstellen anzutreffen. Sie kann zur Gefährdung von Personen und Einsatzkräften führen, zum Beispiel durch Berühren unter Spannung stehender Teile, durch Schrittspannung eines Spannungstrichters im Erdboden, durch einen Spannungsüberschlag im Bereich elektrischer Anlagen oder durch beschädigte elektrische Betriebsmittel.

Abbildung 16: Ausgebrannte Elektrounterverteilung (Quelle: Hans Kemper Geseke)

■ Begriffe

Die Elektrizität wird gekennzeichnet durch die elektrische Spannung, gemessen in Volt [V], die elektrische Stromstärke, gemessen in Ampere [A] und den elektrischen Widerstand, gemessen in Ohm [Ω].

Der Stromfluss in einem elektrischen Stromkreis wird durch die elektrische **Spannung** verursacht. Die Spannung gibt an, wie groß die Kraft ist, mit der die Elektronen durch einen elektrischen Leiter bewegt werden. Sie ist vergleichbar mit dem Druck in einer Schlauchleitung. Die **Stromstärke** gibt an, wie viel Elektronen pro Zeiteinheit unter dem Einfluss der elektrischen Spannung durch einen elektrischen Leiter bewegt werden. Sie ist vergleichbar mit dem Förderstrom in einer Schlauchleitung. Der **Widerstand** gibt an, welche Kraft den Elektronen bei ihrem Bewegen durch einen elektrischen Leiter entgegengesetzt wird. Er ist vergleichbar mit dem Druckverlust durch Reibung in einer Schlauchleitung.

Hinweis: Die lebensgefährliche Wirkung der Elektrizität liegt nicht in der Höhe der bestehenden Spannung, sondern in der **Stromstärke!**

In Abhängigkeit von der Höhe der Spannung wird zwischen **Niederspannungsanlagen** bis 1.000 Volt und **Hochspannungsanlagen** über 1.000 Volt unterschieden. Diese Unterscheidung ist für den Feuerwehreinsatz wichtig, da von ihr die notwendigen Sicherheitsabstände und Einsatzgrundsätze abgeleitet werden. In Hausinstallationen und im industriellen oder gewerblichen Bereich wird hauptsächlich Wechselspannung von 230 Volt und 400 Volt eingesetzt, im Bereich von Freileitungen, Schalt- und Umspannanlagen über 1.000 Volt und im Bereich von Bahnanlagen 15.000 Volt.

■ Schutz vor Gefahren durch Elektrizität

Bei Einsätzen der Feuerwehr im Bereich elektrischer Anlagen und in deren Nähe sind geeignete Maßnahmen zu treffen, die verhindern, dass die Einsatzkräfte durch die Wirkung des elektrischen Stroms gefährdet werden.

Die sicherste Beseitigung der Gefahren durch elektrischen Strom ist die Herstellung der Spannungsfreiheit, das heißt, das Freischalten betroffener Teile einer elektrischen Anlage sowie die sonstigen Schritte gemäß den nachstehend genannten Sicherheitsregeln.

Freischalten
Gegen Wiedereinschalten sichern
Spannungsfreiheit feststellen
Erden und kurzschließen
Benachbarte unter Spannung stehende Teile abdecken oder abschranken

Das Abschalten von Niederspannungsanlagen darf nur durch Elektrofachkräfte oder unterwiesene Personen vorgenommen werden, das Abschalten von Hochspannungsanlagen nur durch Elektrofachkräfte. Einsatzkräfte der Feuerwehr dürfen nur im Bereich von Hausinstallationen oder vergleichbaren Installationen Schalthandlungen vornehmen und dabei zum Beispiel NOT-AUS-Taster oder allgemein zugängliche Hauptschalter betätigen.

Bei Rettungsmaßnahmen und Einsätzen im Bereich von beschädigten oder ungeschützten und unter Spannung stehenden Niederspannungsanlagen darf ein Schutzabstand von **1 Meter** nicht unterschritten werden. Bei der Annäherung an ungeschützte und unter Spannung stehende Hochspannungsanlagen dürfen in Abhängigkeit von der jeweiligen Spannung bestimmte Schutzabstände nicht unterschritten werden.

Tabelle 6: Maximal zulässige Annäherung an Hochspannungsanlagen

Spannung	Annäherung	Hinweis
über 1 kV bis 110 kV	**3 Meter**	Bei Einsätzen im Bereich von Fahrleitungen elektrifizierter Bahnanlagen (15 kV) ist eine Annäherung nur bis auf **1,5 Meter** möglich. Dieser Abstand muss besonders beim Besteigen von Fahrzeugen, die unter den Fahrleitungen abgestellt oder verunfallt sind, beachtet werden.
über 110 kV bis 220 kV	**4 Meter**	
über 220 kV bis 380 kV	**5 Meter**	
Höhe der Spannung nicht bekannt	**5 Meter**	

Das Betreten der Umgebung herabgefallener Hochspannungsleitungen ist lebensgefährlich, da der elektrische Strom in Abhängigkeit von der Art und dem Zustand des Bodens und von der Größe der eingeleiteten Spannung ein elektrisches Feld im Boden bildet. Dadurch entsteht ein Spannungstrichter, in dessen Mitte die Spannung am größten ist und zum Rand hin abnimmt.

Zu herabgefallenen und am Boden liegenden Hochspannungsleitungen ist ein Abstand von mindestens 20 Meter einzuhalten!

■ Brandbekämpfung im Bereich elektrischer Anlagen

Bei Bränden im Bereich elektrischer Anlagen müssen die erforderlichen Löschmittel unter Beachtung ihrer Eignung und bestimmter Verwendungsbeschränkungen ausgewählt werden. Bei einem Einsatz ist es erforderlich, die elektrische Anlage **abzuschalten** oder – bei unter Spannung stehenden Anlagen – entsprechende **Sicherheitsabstände** einzuhalten. Obwohl Wasser elektrisch leitend ist, darf Wasser in unter Spannung stehenden elektrischen Anlagen zur Brandbekämpfung eingesetzt werden. Da der Wasserstrahl sich nach einer gewissen Entfernung von der Austrittsöffnung eines Strahlrohres in Tröpfchen auflöst, die keinen Kontakt miteinander haben, kann es zu keinem Stromrückfluss kommen. Ist genau bekannt, welche Spannung in der Anlage ansteht, kann Wasser eingesetzt werden, wenn zwischen dem Strahlrohr und unter Spannung stehenden Anlagenteilen bestimmte Sicherheitsabstände nicht unterschritten werden.

Tabelle 7: Sicherheitsabstände beim Einsatz von Löschwasser

	Niederspannung (bis 1.000 V)	Hochspannung (über 1.000 V)	Hinweis
Sprühstrahl	1 Meter	5 Meter	Abstände gelten bei der Verwendung eines genormten CM-Strahlrohres mit 12 Millimeter Düsendurchmesser bei einem Strahlrohrdruck von 5 Bar.
Vollstrahl	5 Meter	10 Meter	
Merkregel	**N – 1 – 5**	**H – 5 – 10**	

Das Löschmittel Schaum darf für die Brandbekämpfung im Bereich unter Spannung stehender Anlagen nicht eingesetzt werden. Das Löschmittel Pulver darf nur entsprechend der Verwendungshinweise auf den Löschgeräten eingesetzt werden. Dabei ist zu beachten, dass der Einsatz von Pulver zu erheblichen Folgeschäden in den elektrischen Anlagen führen kann. Das Löschmittel Kohlendioxid ist elektrisch nicht leitend und kann daher im Bereich unter Spannung stehender Anlagen eingesetzt werden.

5.9 Einsturz

Im allgemein verwendeten Merkschema zu den Gefahren an einer Einsatzstelle werden in der Gruppe **„Einsturz"** neben dem Einstürzen von Gebäuden, baulichen oder technischen Anlagen auch ähnliche Ereignisse wie das Umstürzen von Bauteilen oder technischen Einrichtungen, das Herabfallen von Gegenständen und auch das Abstürzen von Einsatzkräften oder Personen sowie das Verschütten von Personen erfasst.

Abbildung 17: Eingestürzte Wand- und Deckenkonstruktion! (Quelle: Michael Ehresmann, Feuerwehrforum Wiesbaden 112.de)

■ Gefahren durch Einsturz

Durch die unter dem Begriff „Einsturz" zusammengefassten Ereignisse können Personen und Einsatzkräfte erheblich verletzt werden. Sie können außerdem auch Ursache für erhebliche Sachschäden sein.

- **Einstürzen von Gebäuden, baulichen oder technischen Anlagen:** Gebäude und Anlagen werden so geplant und errichtet, dass sie trotz unterschiedlicher Belastungen ihre Standfestigkeit nicht verlieren. Zum „In-sich-Zusammenstürzen“ kann es kommen, wenn durch innere oder äußere Einwirkungen, zum Beispiel durch Materialermüdung, Baufehler, Brandeinwirkungen, Explosionen, Unfälle, Bauarbeiten, Überlastungen oder Naturereignisse, das Gesamtgefüge der Gebäude oder Anlage aus dem Gleichgewicht gerät.
- **Umstürzen von Bauteilen oder technischen Einrichtungen:** Freistehende Wände oder Schornsteine, Gerüste oder Kräne sind so errichtet, dass sie auch unter Belastung standsicher bleiben. Durch äußere Einwirkungen können sie aber umstürzen. Dabei ist die Größe des Gefahrenbereiches (auch Trümmerschatten genannt) abhängig von der Höhe des Bauteils oder der technischen Einrichtung.
- **Herabfallen von Gegenständen:** Verkleidungen, Dachziegel oder sonstige Bauteile von Gebäuden, können sich aus ihrer Befestigung oder ihrem Verbund lösen und herabfallen. Gleiches gilt zum Beispiel auch für Fahrzeugladungen, die bei Verkehrsunfällen verrutschen oder herabfallen können. Gefährdungen bestehen auch, wenn sich derartige Gegenstände in einem instabilen Gleichgewicht befinden.
- **Abstürzen von Einsatzkräften oder Personen:** Bei Einsatztätigkeiten in großen Höhen, auf Dächern, Masten, Leitern oder im Bereich von Schächten oder Gruben müssen sich Einsatzkräfte unter Umständen in absturzgefährdete Bereiche begeben oder gefährdete Personen oder Tiere aus diesen Bereichen retten. Weiterhin können Decken und Dächer aus konstruktiven Gründen, durch Brandeinwirkungen oder durch sonstige Einwirkungen nicht ausreichend tragfähig sein, und so zu einer erheblichen Gefährdung beim Begehen durch Personen führen.
- **Verschütten von Personen:** Durch abrutschende Erdmassen, zum Beispiel an Gruben, Gräben oder auf Baustellen, oder durch nachrutschendes Schüttgut, zum Beispiel in Silos, können Personen verschüttet werden. Die Rettungsmaßnahmen gestalten sich dann besonders schwierig, da die betroffenen Personen und die Einsatzkräfte durch nachrutschendes Erdreich oder Schüttgut gefährdet sind.

■ Schutz vor Gefahren durch Einsturz

Einsatzkräfte müssen bei Rettungs-, Lösch- und Hilfeleistungseinsätzen fortlaufend auf Anzeichen von Gefahren durch Einstürzen, Umstürzen, Herabfallen, Abstürzen oder Verschütten achten. Grundsätzlich gilt, dass derartige Gefahrenstellen sofort weiträumig abzusperren und von Personen und Einsatzkräften freizuhalten sind.

- Bei noch nicht **eingestürzten Gebäuden, baulichen oder technischen Anlagen** müssen die Einsatzkräfte jederzeit auf Anzeichen für einen möglichen Einsturz achten, zum Beispiel auf knackende oder berstende Geräusche von Holzkonstruktionen, starken Abbrand von Verbindungspunkten von Holzbauteilen, Lotabweichungen und Durchhängen von Stahlkonstruktionen sowie Abplatzungen und Risse im Mauerwerk oder in Betonkonstruktionen. Einsturzgefährdete Bereiche dürfen ohne Sicherungsmaßnahmen grundsätzlich nicht betreten werden.
- Zum Schutz vor **umstürzenden Bauteilen oder technischen Einrichtungen** muss bei der Aufstellung von Einsatzfahrzeugen und bei der Durchführung von Einsatzmaßnahmen ein Sicherheitsabstand vom 1,5-fachen der Höhe (Trümmerschatten) eingehalten werden.
- Zum Schutz vor **herabfallenden Gegenständen** sind diese möglichst zu entfernen oder gegebenenfalls zu sichern. Ist dies nicht möglich, muss der gefährdete Bereich abgesperrt werden.
- Der Schutz vor **Abstürzen** erfolgt durch Halten oder Auffangen. Beim Halten werden gefährdete Einsatzkräfte oder Personen mit einem Sicherungsseil innerhalb eines sicheren Bereiches gehalten oder vom absturzgefährdeten Bereich ferngehalten, um so einen Absturz auszuschließen. Beim Auffangen werden gefährdete Einsatzkräfte mit einem Gerätesatz Absturzsicherung so gesichert, dass sie zwar abstürzen können, dann aber sofort aufgefangen werden und so ein freier Fall verhindert wird.
- Zum Schutz von **verschütteten Personen** und zur Absicherung der Rettungsmaßnahmen müssen unter anderem Erschütterungen im betroffenen Bereich vermieden, ein Verbau gegen das Nachrutschen von Erdreich beziehungsweise Schüttgut eingebracht sowie Gruben- oder Grabenränder freigehalten oder abgeböscht werden.

5.10 Sonstige Gefahren

Neben den im Merkschema aufgeführten Gruppen von Gefahren müssen an einer Einsatzstelle weitere Gefahren berücksichtigt werden, zum Beispiel:

- **Gefahren durch den fließenden Verkehr:** Befindet sich eine Einsatzstelle im Bereich von Straßen oder Schienenwegen oder werden Einsatzfahrzeuge auf Verkehrswegen abgestellt, müssen diese mit Warnblinkanlage, blauen Kennleuchten, Verkehrsleitkegel oder Warnleuchten gegen den fließenden Verkehr gesichert werden. Einsatzkräfte, die sich im Verkehrsbereich aufhalten, müssen geeignete Warnkleidung tragen.
- **Gefahren durch Witterung:** Witterungsbedingte Gefahren können durch Glatteis, Schneeglätte oder den Einsatz von Löschwasser bei winterlichen Temperaturen entstehen. Die Einsatzstelle ist mit abstumpfenden Mitteln (Sand, Bindemittel, ...) abzustreuen oder vollständig zu sperren.
- **Gefahren durch Dunkelheit:** Dunkelheit oder unzureichende Lichtverhältnisse können zu erheblichen Sichtbehinderungen an einer Einsatzstelle führen. Deshalb sind geeignete Beleuchtungsmittel einzusetzen. Das Ausleuchten mit Scheinwerfern sollte möglichst von oben und von mehreren Seiten erfolgen, um Schattenbildungen oder Blendungen zu vermeiden.

5.11 Selbstkontrolle und Testfragen

(Lösungen siehe Seite 120)

1. Welche Gefahren müssen an Einsatzstellen beachtet werden?

a) Atemgifte, Angstreaktionen, Ausbreitung.
b) Löschmittel, Löschanlagen, Löschwirkungen.
c) Erkrankungen, Verletzungen, Elektrizität.
d) Verkehr, Witterung, Dunkelheit.

2. In welche Gruppen werden die Atemgifte aufgrund ihrer Eigenschaften und Wirkungen eingeteilt?

a) Atemgifte mit erstickender Wirkung.
b) Atemgifte mit umweltschädigender Wirkung.
c) Atemgifte mit Reiz- und Ätzwirkung.
d) Atemgifte mit Wirkung auf Blut, Nerven oder Zellen.

3. Durch welche Einsatzsituationen können Angstreaktionen bei den Einsatzkräften ausgelöst werden?

a) Aufgrund ihrer Einsatzerfahrung können bei Einsatzkräften keine Angstreaktionen ausgelöst werden.
b) Wenn bei einem Innenangriff Gebäudeteile einstürzen und der Rückzugweg plötzlich abgeschnitten ist.
c) Wenn bestimmte Einsatzsituationen mit einer Vielzahl von verletzten Personen oder Toten verbunden sind.

4. Welche Möglichkeiten der Ausbreitung eines Brandes über brennbare Stoffe werden unterschieden?

a) Funkenflug und Flugfeuer.
b) Feuerbrücken und Feuerüberschlag.
c) Feuerstraßen und Feuerschneisen.
d) Feuerleitung und Feuerströmung.

5. Welche Einsatzmaßnahmen zum Schutz vor den Gefahren der Ausbreitung von Schadstoffen sind möglich?

a) Feste Schadstoffe aufspüren und umleiten.
b) Flüssige Schadstoffe auffangen, abpumpen oder umfüllen.
c) Gasförmige Schadstoffe gegebenenfalls mit Wasser niederschlagen.
d) Messungen zur Eingrenzung des Gefahrenbereiches durchführen.

6. Durch welche Maßnahmen können Einsatzkräfte die Gefahr einer Erkrankung vermeiden beziehungsweise verringern?

a) Kontakt mit dem Blut von betroffenen Personen vermeiden.
b) Infektionsschutzhandschuhe tragen.
c) Rauchen aufgeben.
d) Kontakt mit Ruß, Asche oder Brandschutt möglichst vermeiden.
e) Infektionsschutzmedikamente einnehmen.
f) Schutzkleidung fachgerecht reinigen oder reinigen lassen.

7. Wie können sich vorgehende Trupps vor den Gefahren einer Rauchdurchzündung oder einer Rauchgasexplosion schützen?

a) Kriechend oder in gebückter Haltung vorgehen.
b) Ein unter Druck stehendes Strahlrohr bereithalten.
c) Türen zum Brandraum aus der Deckung heraus öffnen.
d) Wasser mit Vollstrahl in den Brandraum geben.

8. Welche Schutzmaßnahmen sind bei der Brandbekämpfung im Bereich elektrischer Anlagen zu beachten?

a) Elektrische Anlagen abschalten oder Sicherheitsabstände einhalten.
b) Nur nichtleitende Löschmittel wie Kohlendioxid einsetzen.
c) Niemals Wasser als Löschmittel einsetzen.
d) Wasser unter Beachtung von Sicherheitsabständen einsetzen.
e) Kein Schaum im Bereich unter Spannung stehender Anlagen einsetzen.

6 Löscheinsatz

Der Löscheinsatz ist jede Tätigkeit der Feuerwehr, bei der Strahlrohre vorgenommen werden, zum Beispiel der Löschangriff bei einem Brandeinsatz, das Schützen gefährdeter Menschen oder das Schützen gefährdeter Objekte durch Abriegeln, sowie das Niederschlagen, Abdrängen oder Verwirbeln gefährlicher Gase und Dämpfe. Die vorgehenden Einsatzkräfte müssen dabei die vom Einheitsführer erteilten Einsatzaufträge selbstständig und fachlich richtig ausführen, weitere Umstände und Einzelheiten der Lage erkunden und ihr jeweiliges Vorgehen daran ausrichten.

Abbildung 18: Löscheinsatz der Feuerwehr! (Quelle: Michael Ehresmann, Feuerwehrforum Wiesbaden112.de)

In der Feuerwehr-Dienstvorschrift 3 (FwDV 3) „Einheiten im Lösch- und Hilfeleistungseinsatz“ ist geregelt, wie die taktischen Einheiten im Löscheinsatz vorgehen müssen. Der Löscheinsatz beinhaltet auch alle Maßnahmen, die von den taktischen Einheiten zum Retten oder zum Schutz von Menschen durchgeführt werden. Weiterhin werden in der Feuerwehr-Dienstvorschrift 1 (FwDV 1) „Grundtätigkeiten – Lösch- und Hilfeleistungseinsatz“ die Grundtätigkeiten der Einsatzkräfte beschrieben, die sowohl in der Ausbildung als auch im Einsatz anzuwenden sind.

6.1 Taktische Einheiten

Die taktischen Einheiten der Feuerwehr bestehen aus den Einsatzkräften und den zugehörigen Einsatzfahrzeugen und Geräten. Entsprechend der Mannschaftsstärke werden folgende taktische Einheiten unterschieden:

- **Selbstständiger Trupp:** Die Mannschaft besteht aus drei Einsatzkräften, das heißt aus einem Truppführer, einem Maschinisten sowie einem Truppmann.
- **Staffel:** Die Mannschaft besteht aus sechs Einsatzkräften, das heißt aus einem Staffelführer, einem Maschinisten, einem Angriffstrupp sowie einem Wassertrupp.
- **Gruppe:** Die Gruppe ist die taktische Grundeinheit der Feuerwehr. Die Mannschaft besteht aus neun Einsatzkräften, das heißt, aus einem Gruppenführer, einem Maschinisten, einem Melder, einem Angriffstrupp, einem Wassertrupp sowie einem Schlauchtrupp.
- **Zug:** Die Mannschaft besteht aus einem Zugführer, einem Zugtrupp mit Führungsassistent, Melder und Fahrer und aus einer bestimmten Anzahl von Gruppen, Staffeln und/oder selbstständigen Trupps. Ein Zug hat üblicherweise eine Mannschaftsstärke von 22 Einsatzkräften.

6.2 Aufgaben der Einsatzkräfte

In der Feuerwehr-Dienstvorschrift 3 (FwDV 3) sind die Grundlagen für das Vorgehen einer Gruppe bei einem Löscheinsatz beschrieben. Bei diesen Einsätzen haben die Trupps folgende grundsätzliche Aufgaben:

Angriffstrupp	➡	rettet und nimmt das erste Rohr vor
Wassertrupp	➡	stellt die Wasserversorgung bis zum Verteiler her
Schlauchtrupp	➡	stellt die Wasserversorgung bis zu den Strahlrohren her

Diese Aufgabenbeschreibung geht zunächst von der Mannschaftsstärke einer Gruppe aus. Bei einer Staffel oder einem selbstständigen Trupp müssen einzelne Aufgaben von anderen Einsatzkräften übernommen werden.

Die genauen Aufgaben der Mannschaft sind in der Feuerwehr-Dienstvorschrift 3 (FwDV 3) wie folgt festgelegt:

- Der **Einheitsführer** führt seine taktische Einheit, ist an keinen bestimmten Platz gebunden, ist für die Sicherheit der Mannschaft verantwortlich, bestimmt die Fahrzeugaufstellung und gegebenenfalls den Standort der Tragkraftspritze.
- Der **Maschinist** ist Fahrer und bedient die Feuerlöschkreiselpumpe und die im Löschfahrzeug eingebauten Aggregate, sichert sofort die Einsatzstelle mit Warnblinkanlage, Fahrlicht und blauem Blinklicht, unterstützt bei der Entnahme und Bereitstellung der Geräte, ist für die ordnungsgemäße Verlastung der Geräte verantwortlich und meldet Mängel an Einsatzmitteln dem Einheitsführer. Er unterstützt beim Aufbau der Wasserversorgung und auf Befehl bei der Atemschutzüberwachung.
- Der **Melder** übernimmt befohlene Aufgaben, zum Beispiel bei der Lagefeststellung, beim In-Stellung-Bringen einer Steckleiter, beim Betreuen von Personen und bei der Informationsübertragung.
- Der **Angriffstrupp** rettet, insbesondere aus Bereichen, die nur mit Atemschutzgeräten betreten werden können und nimmt üblicherweise das erste einzusetzende Strahlrohr vor. Er setzt den Verteiler und verlegt seine Schlauchleitung selbst, sofern kein Schlauchtrupp bereitsteht.
- Der **Wassertrupp** rettet, bringt auf Befehl tragbare Leitern in Stellung, stellt die Wasserversorgung vom Löschfahrzeug zum Verteiler und zwischen Löschfahrzeug und Wasserentnahmestelle her, kuppelt den Verteiler an die B-Schlauchleitung an. Er wird danach bei einem Atemschutzeinsatz Sicherheitstrupp oder übernimmt andere Aufgaben.
- Der **Schlauchtrupp** rettet, stellt für die vorgehenden Trupps die Wasserversorgung zwischen Strahlrohren und Verteiler her, bringt auf Befehl tragbare Leitern in Stellung und führt weitere Tätigkeiten durch, zum Beispiel Verteiler bedienen oder zusätzliche Geräte zum Einsatz bringen (Sprungpolster, Beleuchtungsgeräte, Be- und Entlüftungsgerät, ...).

Hinweis: Ein Innenangriff mit Atemschutzgeräten kann nur durchgeführt werden, wenn eine Gruppe oder eine Staffel an der Einsatzstelle ist. Die Mannschaft eines selbstständigen Trupps reicht hierfür **nicht aus!**

6.3 Einsatzausrüstung

Gemäß der Feuerwehr-Dienstvorschrift 1 (FwDV 1) wird die persönliche Schutzausrüstung der Trupps entsprechend der jeweiligen Art und den Erfordernissen des Löscheinsatzes zum Beispiel durch Feuerwehr-Haltegurt mit Feuerwehrbeil, Atemschutzgerät, Feuerwehrleine mit Leinenbeutel oder auch Warnkleidung ergänzt. Die Einsatzausrüstung der Truppführer besteht aus einem Beleuchtungsgerät und gegebenenfalls einem Handsprechfunkgerät. Darüber hinaus wird je nach Einsatzart die Einsatzausrüstung des Trupps durch einen Verteiler, durch Strahlrohre, Druckschläuche, Schlauchhalter oder sonstige Armaturen ergänzt.

6.4 Einsatzgrundsätze

Die bei einem Löscheinsatz vorgehenden Trupps müssen unter Anleitung der Truppführer in der Lage sein, bei unterschiedlichen Einsatzobjekten und Einsatzlagen den als Einsatzbefehl erhaltenen Auftrag selbstständig und fachlich richtig auszuführen. Dabei sind gemäß der Feuerwehr-Dienstvorschrift 3 (FwDV 3) folgende Einsatzgrundsätze zu beachten:

- Können Einsatzkräfte durch Sauerstoffmangel oder durch Atemgifte gefährdet werden, müssen geeignete Atemschutzgeräte benutzt werden. Die Funktionen für den Angriffstrupp und den Wassertrupp sollen deshalb mit Atemschutzgeräteträgern besetzt sein.
- Der Angriffstrupp rüstet sich während der Fahrt zur Einsatzstelle auf Befehl des Einheitsführers mit Atemschutzgeräten aus. Befinden sich die Atemschutzgeräte nicht im Mannschaftsraum, legt der Angriffstrupp während der Fahrt die Atemanschlüsse und Feuerschutzhauben und sofort nach Eintreffen an der Einsatzstelle die Atemschutzgeräte an.
- Beim Eintreffen an der Einsatzstelle und beim Aufstellen der Löschfahrzeuge oder der Tragkraftspritze ist sicherzustellen, dass diese einsatzfähig und ungefährdet bleiben. Dabei sind zum Beispiel Windrichtung, Trümmerschatten, fließender Verkehr, Freileitungen und Fahrdrähte sowie der ausreichende Abstand zum Einsatzobjekt zu beachten.

- Der Zugang zur Einsatzstelle und der Einsatzablauf dürfen nicht behindert werden. Insbesondere der Einsatz von Hubrettungsfahrzeugen und das An- und Abfahren von Fahrzeugen des Rettungsdienstes muss jederzeit möglich sein.
- An räumlich ausgedehnten Einsatzstellen, bei denen zwischen Löschfahrzeug und Verteiler ungünstige Wegverhältnisse bestehen oder bei denen der Abstand sehr groß ist – etwa mehr als fünf B-Schlauchlängen – sind die erforderlichen Atemschutzgeräte, Strahlrohre, Schläuche, Leitern und Sanitätsgeräte am Platz des Verteilers abzulegen.
- Die Trupps gehen im Gefahrenbereich grundsätzlich gemeinsam vor.
- Die Truppführer sind für die Auftragserledigung und für die Sicherheit ihrer Trupps verantwortlich.
- Die Befehle des Einheitsführers werden von den beauftragten Einsatzkräften beziehungsweise den jeweiligen Truppführern wiederholt.
- In besonderen Situationen können Trupps durch zusätzliche Einsatzkräfte verstärkt werden.
- Die Wasserversorgung wird bei Löschfahrzeugen mit Löschwasserbehälter zuerst vom Löschfahrzeug zum Verteiler und danach zwischen Löschfahrzeug und Wasserentnahmestelle verlegt. Bei Löschfahrzeugen ohne Löschwasserbehälter (Tragkraftspritzenfahrzeug TSF) kann dies lagebedingt auch in umgekehrter Reihenfolge erfolgen.
- Die Wasserversorgung zwischen Löschfahrzeug und Wasserentnahmestelle muss möglichst schnell aufgebaut werden. Mit einem Innenangriff darf erst begonnen werden, wenn eine ständige Wasserabgabe sichergestellt ist, zum Beispiel, wenn das mitgeführte Löschwasser bis zum Aufbau einer Löschwasserversorgung ausreicht.
- Trupps, die ihre Aufgabe erledigt haben und einsatzbereit sind, melden sich beim Einheitsführer.
- Bemerken Einsatzkräfte eine besondere Gefahr und ist ein unverzügliches In-Sicherheit-Bringen notwendig, geben die Einsatzkräfte das Kommando „*Gefahr – Alle sofort zurück*!“. Jede Einsatzkraft gibt dieses Kommando weiter; alle gehen zurück und sammeln sich am Fahrzeug. Der Einheitsführer überprüft die Vollzähligkeit der Mannschaft, trifft weitere Maßnahmen und gibt eine Lagemeldung.

6.5 Taktische Vorgehensweisen

Bei einem Löscheinsatz ist es erforderlich, dass die Einsatzkräfte geschickt vorgehen, sich klug verhalten und die Lage planmäßig ausnutzen. Diese Verhaltensmerkmale werden auch unter dem Begriff „Taktik" zusammengefasst. Für eine wirksame Durchführung von Löschmaßnahmen stehen verschiedene Möglichkeiten zur Wahl. Dabei ist zu beachten, dass die Rettung und der Schutz von betroffenen Personen unbedingt Vorrang haben, dass Einsatzschwerpunkte zu bilden sind und rechtzeitig Einsatzkräfte und Einsatzmittel nachgefordert werden müssen.

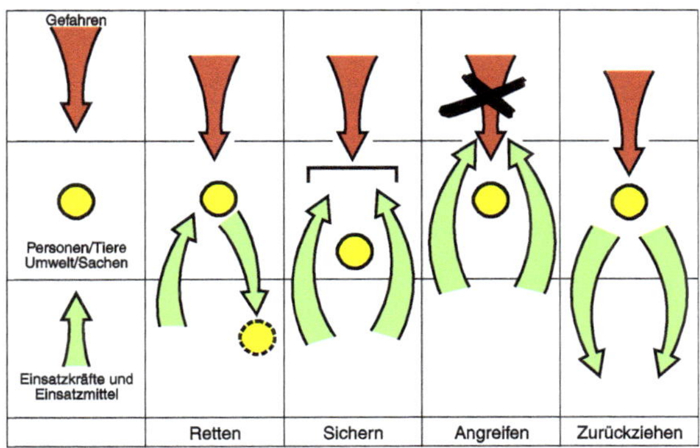

Abbildung 19: Einsatzmöglichkeiten im Löscheinsatz

Das **Retten**, in Sicherheit bringen, Räumen oder Evakuieren von Personen und Tieren oder das Bergen von Sachen aus dem Gefahrenbereich kann wichtiger sein als die Löschmaßnahmen. Oftmals können Rettungsmaßnahmen aber nur durchgeführt werden, wenn gleichzeitig auch entsprechende Löschmaßnahmen durchgeführt werden. Beim **Sichern**, Verteidigen, Abriegeln oder Begrenzen werden räumliche Grenzen festgelegt, bis zu der sich ein Brand ausbreiten darf. An dieser Grenze (Brandwand, ...) muss der Brand aufgehalten werden. Diese Möglichkeit wird angewendet, wenn die Vorbereitung der Löschmaßnahmen längere Zeit in Anspruch nimmt oder wenn die Einheiten noch nicht für einen umfassenden Löschangriff ausreichen und Verstärkung angefordert werden muss.

Das **Angreifen**, Ausschalten, Beseitigen oder Vorgehen hat die Begrenzung des Brandes auf das vorgefundene Ausmaß und schließlich das endgültige Löschen des Brandes zum Ziel. Von allen anderen Einsatzmöglichkeiten sollte, sobald es die Umstände erlauben, auf das Angreifen übergegangen werden. Das **Zurückziehen**, Aufgeben, Fliehen oder Abbrechen sollte die Ausnahme sein. In besonderen Einsatzfällen, wenn Gefahren nicht mehr beherrschbar sind, zum Beispiel bei drohender Explosionsgefahr, besteht keine Aussicht auf wirksame Löschmaßnahmen. Dann bleibt nur das Abbrechen der Löschmaßnahmen, die weiträumige Absperrung sowie die Vorbereitung von Maßnahmen, die getroffen werden können, wenn die zunächst nicht beherrschbare Gefahr vorüber ist.

6.6 Vorgehen bei verschiedenen Löscheinsätzen

Die bei Löscheinsätzen vorgehenden Trupps müssen in der Lage sein, in unterschiedlichen Einsatzobjekten und Einsatzlagen den als Einsatzbefehl erhaltenen Auftrag selbstständig und fachlich richtig auszuführen.

■ Gebäudebrände

Bei einer Brandbekämpfung in **Räumen** ist die Rettung von Personen vorrangig, die dabei gegebenenfalls durch Löschmaßnahmen abgesichert werden muss. Türen und Fenster sind möglichst fachgerecht zu öffnen. Es ist nicht immer erforderlich, Fensterscheiben zu zerschlagen; oftmals lassen sich Fenster im Einsatzfall auch von innen öffnen. Ein unnötiger Wasserschaden ist zu vermeiden, oft reicht ein kurzer Sprühstrahl aus, um einen Brand zu löschen. Brennende oder stark qualmende Gegenstände können auch aus den Räumen ins Freie gebracht und dort abgelöscht werden.

In älteren Gebäuden befinden sich zum Teil noch **Treppenräume** mit Holztreppen. Bei Bränden in den Treppenräumen ist der Fluchtweg meist versperrt. Die Rettung der Personen muss dann über tragbare Leitern oder Hubrettungsfahrzeuge erfolgen. Im Innenangriff vorgehende Trupps müssen auf eine mögliche Einsturzgefahr achten. Aufgelegte Steckleiterteile können die Last auf der Treppe verteilen und so diese Gefahr verringern.

Bei Bränden in **Dachgeschossen** ergeben sich teilweise Schwierigkeiten aufgrund der Höhe, der Zugänglichkeit sowie der oft gemischten Nutzung als Wohn- und Abstellraum. Der Löscheinsatz sollte möglichst durch einen Innenangriff über den Treppenraum vorgenommen werden. Zusätzlich, und wenn ein Innenangriff nicht mehr möglich ist, kann ein Außenangriff über Hubrettungsfahrzeuge oder tragbare Leitern erfolgen. Der Zugang zum Dachraum ist aus der Deckung heraus erst dann zu öffnen, wenn Wasser am Strahlrohr ist. Bei Bränden in Dachgeschossen besteht eine erhöhte Einsturzgefahr. Tragende Bauteile der Dachkonstruktion sind deshalb zuerst abzulöschen. Um einen größeren Wasserschaden zu vermeiden, ist auf einen gezielten und sparsamen Löschwassereinsatz zu achten.

Bei einem **Dachstuhlbrand** wird zur Brandbekämpfung und zum Schutz angrenzender Gebäude meist ein Außenangriff über Hubrettungsfahrzeuge vorgenommen. Zusätzlich sollte aber ein Innenangriff über einen Treppenraum vorgetragen werden. Insbesondere das Öffnen von blechverkleideten Dachkonstruktionen ist sehr zeitaufwendig und problematisch. Die Einsatzkräfte müssen dabei ausreichend geschützt sein (Absturzsicherung, Atemschutz, ...) und mit Wasser am Strahlrohr bereitstehen, um sofort einen umfassenden Löschangriff vortragen können.

Vor einer Brandbekämpfung in **Kellerräumen** ist möglichst die Gas- und Elektroversorgung für diesen Bereich zu unterbrechen. Wird der Kellerraum von einem inneren Treppenraum aus und nicht über eine Außentreppe betreten, kann in kürzester Zeit der gesamte Treppenraum verraucht werden. Dies kann zu einer erheblichen Schadenausbreitung und Gefährdung von Bewohnern in den übrigen Geschossen führen. Ist eine direkte Brandbekämpfung nicht möglich, können Kellerräume gegebenenfalls auch mit Mittelschaum oder Leichtschaum geflutet werden.

■ Fahrzeugbrände

Durch Auslaufen und Entzünden von Kraftstoffen oder heiß gelaufene Teile, zum Beispiel Reifen, können Fahrzeugbrände entstehen.

Die Ausbreitung des Brandes hängt davon ab, ob es im Motor- oder im Innenraum des Fahrzeuges brennt oder ob Kraftstoff ausgelaufen und in Brand geraten ist. Brennen größere Kraftstoffmengen, breitet sich das Feuer sehr schnell aus und erfasst schnell das gesamte Fahrzeug. Entsteht ein Fahrzeugbrand, ohne dass gleichzeitig Kraftstoff austritt und ebenfalls brennt, wird dieser Brand grundsätzlich mit Wasser (Sprühstrahl) abgelöscht.

Hinweis: Nicht jeder Fahrzeugbrand muss mit Schaum gelöscht werden! In vielen Fällen reicht der Einsatz von Wasser für eine wirksame Brandbekämpfung völlig aus!

Brennender Kraftstoff lässt sich mit Schaum oder Löschpulver ablöschen. Tragbare Feuerlöscher sind dabei besonders wirkungsvoll, sofern der Brand nicht allzu ausgedehnt ist. Allerdings kann es nach dem Ablöschen zu einer Rückzündung der Kraftstoffdämpfe an heißen Fahrzeugteilen kommen. Daher ist zeitgleich ein umfassender Schaumangriff vorzubereiten.

■ Flüssigkeitsbrände

Brennbare Flüssigkeiten brennen nicht selbst, sondern die an der Flüssigkeitsoberfläche austretenden Dämpfe. Diese können mit dem Sauerstoff der Umgebungsluft ein zündfähiges Gemisch bilden und bei einer guten Durchmischung schlagartig verbrennen. Besondere Gefahren ergeben sich bei Bränden flüssiger Stoffe in offenen Behältern. Die Ausbreitung wird nicht nur durch das mögliche Auslaufen der brennbaren Flüssigkeit gefördert, sondern auch durch das mögliche Aufkochen und Auswerfen brennbarer Flüssigkeiten aus den Behältern. Durch Wärmestrahlung oder unmittelbare Beflammung eines Behälters kann brennbare Flüssigkeit bis zu ihrem Siedepunkt erwärmt werden und dann „überkochen“. Durch das Überlaufen der Flüssigkeit kann es dann zu einer Brandausbreitung kommen. Das „Überkochen“ kann auch durch Wasserdampfblasen unterstützt werden, wenn sich zum Beispiel unter der brennbaren Flüssigkeit durch eindringendes Löschwasser ein Wasserpolster bildet, dieses Wasser über seinen Siedepunkt erwärmt wird und der Wasserdampfdruck größer als der Flüssigkeitsdruck wird.

■ Löschwasserförderung

Die Aufgabe der Löschwasserförderung ist der Transport von Löschwasser von einer Entnahmestelle bis zu einer Abgabestelle. Dabei ist es das Ziel, für einen bestimmten Zeitraum Löschwasser in einer ausreichenden Menge und mit einem ausreichenden Druck bereitzustellen. Die ausreichende Menge ergibt sich aus der Art und der Anzahl der eingesetzten Strahlrohre, das heißt, aus der Summe der einzelnen Volumenströme.

Tabelle 8: Beispiele für die Volumenströme genormter Strahlrohre

Ausführung der Strahlrohre	Volumenstrom
Hohlstrahlrohr mit Festkupplung C	größer 100 L/min bis 235 L/min
Hohlstrahlrohr mit Festkupplung B	größer 235 L/min bis 400 L/min
Hohlstrahlrohr mit Festkupplung B	größer 400 L/min
CM-Strahlrohr mit Mundstück	100 L/min
CM-Strahlrohr ohne Mundstück	200 L/min
BM-Strahlrohr mit Mundstück	400 L/min
BM-Strahlrohr ohne Mundstück	800 L/min

Damit das Löschwasser bestimmungsgemäß verwendet werden kann, muss ein ausreichender Druck erzeugt werden. Dieser Druck muss groß genug sein, um einen löschwirksamen Wasserstrahl mit einer entsprechenden Wurfweite und dem erforderlichen Eindringvermögen zu erzeugen. Der Druck darf aber nicht zu groß sein, damit die Einsatzkräfte die Strahlrohre und Schlauchleitungen noch sicher und ungefährdet handhaben können.

Tabelle 9: Notwendiger Eingangsdruck an genormten Strahlrohren

Ausführung des Strahlrohres	Notwendiger Eingangsdruck
Hohlstrahlrohre	6 bar
Mehrzweckstrahlrohre	5 bar

Für die Förderung von Löschwasser von einer Entnahmestelle bis zu einer Abgabestelle wird durch die Feuerwehr eine Förderstrecke aufgebaut, die aus Schlauchleitungen, Armaturen und Feuerlöschkreiselpumpen (Fahrzeugeinbaupumpen oder Tragkraftspritzen) besteht. In Abhängigkeit von der Entfernung zwischen einer Entnahmestelle und der Abgabestelle sowie der Anzahl der benötigten Feuerlöschkreiselpumpen werden die Förderstrecken unter anderem in einfache und in lange Förderstrecken unterteilt.

Bei einer einfachen Förderstrecke wird nur eine Feuerlöschkreiselpumpe benötigt. Das Löschwasser wird mit der Feuerlöschkreiselpumpe im Hydranten- oder Saugbetrieb aus einer Wasserentnahmestelle entnommen und über eine Schlauchleitung (B-Druckschläuche) zum Verteiler und von dort über Schlauchleitungen (B- und/oder C-Druckschläuche) bis zu den Strahlrohren gefördert. Ist die Entfernung zwischen einer Entnahmestelle und der Abgabestelle so groß, dass der erzeugte Druck einer Feuerlöschkreiselpumpe für die Löschwasserförderung über diese Entfernung nicht ausreicht, ist eine Löschwasserförderung über eine lange Förderstrecke erforderlich, bei der das an der Einsatzstelle benötigte Löschwasser über mehrere in Reihe hintereinander geschaltete Feuerlöschkreiselpumpen und über entsprechend lange Schlauchleitungen gefördert wird.

Die Feuerlöschkreiselpumpen erzeugen den für die Fortleitung des Löschwassers erforderlichen Druck, der benötigt wird, um Druckverluste durch Reibung in den Schlauchleitungen auszugleichen, Höhenunterschiede im Verlauf der Förderstrecke zu überwinden, innerhalb der Förderstrecke Druck an Pumpeneingängen bereitzustellen und am Ende der Förderstrecke einen ausreichenden Strahlrohrdruck zu erzeugen.

Der Aufbau und Betrieb einer langen Förderstrecke für die Löschwasserförderung über eine größere Entfernung ist sehr personal-, material- und zeitaufwendig und stellt somit besondere Anforderungen an alle beteiligten Führungskräfte, Maschinisten und sonstige Einsatzkräfte (und wird deshalb wohl auch nicht so häufig geübt!).

Für das zügige Verlegen von Schlauchleitungen über größere Entfernungen sind möglichst Schlauchwagen, Gerätewagen Logistik mit Ausrüstungssatz

Wasserversorgung oder Wechselladerfahrzeuge mit entsprechenden Abrollbehältern zu verwenden. Die zu verlegenden B-Druckschläuche sind auf diesen Fahrzeugen zusammengekuppelt in Buchten gelagert und ziehen sich bei langsamer Fahrt selbst aus dem Fahrzeug. Dabei können sowohl einfache als auch doppelte (oder mehrfache) Schlauchleitungen verlegt werden.

Abbildung 20: Verlegen einer doppelten Schlauchleitung mit einem Schlauchwagen SW 2000 KatS (Quelle: Michael Ehresmann, Feuerwehrforum Wiesbaden112.de)

Beim Verlegen der Schlauchleitungen sollten Straßenquerungen möglichst vermieden werden. Ist dies nicht möglich, müssen Schlauchbrücken, Rohr-Schlauchüberführungen oder behelfsmäßig aufgebaute Schlauchüberführungen aus Steckleitern und/oder Multifunktionsleitern verwendet werden. Die Schlauchbrücken müssen so ausgelegt werden, dass Kraftfahrzeuge mit verschiedenen Spurweiten die Schlauchleitungen sicher überfahren können. Auf einer Seite sind zwei Schlauchbrücken unmittelbar nebeneinander und im Abstand von etwa einem Meter eine dritte Schlauchbrücke auszulegen.

6.7 Selbstkontrolle und Testfragen

(Lösungen siehe Seite 120)

1. Welche grundsätzliche Aufgabe hat ein Angriffstrupp bei einem Löscheinsatz?

a) Er rettet, auch unter Atemschutz.
b) Er nimmt alle einzusetzenden Strahlrohre vor.
c) Er nimmt das erste einzusetzende Strahlrohr vor.
d) Er verlegt seine Schlauchleitung, wenn der Schlauchtrupp fehlt.

2. Welche Einsatzgrundsätze müssen die Trupps bei einem Löscheinsatz beachten?

a) Die Trupps gehen im Einsatz grundsätzlich gemeinsam vor.
b) Die Truppführer sind für die Auftragserledigung verantwortlich.
c) Die Befehle vom Einheitsführer werden von Truppführern wiederholt.
d) Ein Truppführer kann Abweichungen von der Ausrüstung anordnen.
e) Ein Trupp kann durch zusätzliche Einsatzkräfte verstärkt werden.

3. Welche Möglichkeiten können für die Durchführung der Löscheinsätze angewendet werden?

a) Das Sichern, Verteidigen, Abriegeln oder Begrenzen.
b) Das Angreifen, Ausschalten, Beseitigen oder Vorgehen.
c) Das Abwarten, Beobachten, Zusehen oder Geduld haben.
d) Das Zurückziehen, Aufgeben, Fliehen oder Abbrechen.

4. Welche Einsatzmaßnahmen sind bei Fahrzeugbänden anzuwenden?

a) Fahrzeugbrände, bei denen kein Kraftstoff austritt und brennt, werden mit Wasser (Sprühstrahl) abgelöscht.
b) Fahrzeugbrände, bei denen kein Kraftstoff austritt und brennt, werden mit Schaum abgelöscht.
c) Brennender Kraftstoff lässt sich mit Löschpulver ablöschen.
d) Brennender Kraftstoff lässt sich mit Kohlendioxid ablöschen.

7 Technische Hilfeleistung

Zu den Aufgaben der Feuerwehren gehört auch die technische Hilfeleistung, bei der die verfügbaren Einsatzkräfte und -mittel möglichst wirksam eingesetzt werden müssen. Neben den Entscheidungen der Führungskräfte ist ein wirksamer Hilfeleistungseinsatz vor allem vom richtigen Verhalten der Einsatzkräfte abhängig. Die vorgehenden Einsatzkräfte müssen bei der Ausführung ihres Auftrages selbst in der Lage sein, Maßnahmen fachlich richtig durchzuführen, weitere Umstände und Einzelheiten der Lage zu erkunden und ihr weiteres Vorgehen daran auszurichten.

Abbildung 21: Hilfeleistungseinsatz der Feuerwehr – Lkw-Unfall! (Quelle: Marc Köppelmann, Paderborn)

In der Feuerwehr-Dienstvorschrift 3 (FwDV 3) „Einheiten im Lösch- und Hilfeleistungseinsatz“ ist geregelt, wie die taktischen Einheiten im Hilfeleistungseinsatz vorgehen müssen. Im Sinne dieser Feuerwehr-Dienstvorschrift umfasst der Hilfeleistungseinsatz Maßnahmen zur Abwehr von Gefahren für Leben, Gesundheit oder Sachen, die aus Explosionen, Überschwemmungen, Unfällen oder ähnlichen Ereignissen entstehen. Er schließt insbesondere das Retten ein. Weiterhin werden in der Feuerwehr-Dienstvorschrift 1 (FwDV 1) „Grundtätigkeiten – Lösch- und Hilfeleistungseinsatz“ die Grundtätigkeiten der Einsatzkräfte beschrieben, die sowohl in der Ausbildung als auch im Hilfeleistungseinsatz anzuwenden sind.

Retten im Rahmen technischer Hilfeleistungen

Zu den wichtigen Aufgaben der Feuerwehr im Rahmen technischer Hilfeleistungen gehört vor allem das Retten betroffener Personen oder Tiere. Diese können sich in einer lebensbedrohlichen Zwangslage befinden, das heißt, sie können eingeklemmt, verschüttet oder auch eingeschlossen sein. Durch technische Rettungsmaßnahmen müssen die Personen möglichst schnell aber auch verletztenorientiert aus ihrer Zwangslage befreit und gerettet werden.

Tabelle 10: Vorgehensweise bei der technischen Rettung

Grundsatz	Maßnahmen
Sichern	• Gefährdung der Einsatzkräfte vermeiden • Gefährdung der betroffenen Personen vermeiden
Zugang schaffen	• zu den betroffenen Personen vordringen • Befreien der betroffenen Person einleiten
Lebensrettende Sofortmaßnahmen durchführen	• Bewusstsein, Atmung und Kreislauf betroffener Personen erhalten oder wiederherstellen • Erstversorgung betroffener Personen durchführen
Befreien	• betroffene Person aus dem Gefahrenbereich retten
Transportfähigkeit herstellen	• durch den Rettungsdienst durchführen • Zustand der betroffenen Person stabilisieren

Sonstige technische Hilfeleistungen

Zu den sonstigen technischen Hilfeleistungen gehören unter anderem das Öffnen von Türen (für den Rettungsdienst), die Unterstützung des Rettungsdienstes beim Transport betroffener Personen (Tragehilfe), das Leerpumpen überfluteter Bereiche nach Starkregen oder bei Hochwasser, die Beseitigung von Gefahren durch Ölspuren oder umgestürzter Bäume auf Verkehrswegen, sowie Hilfeleistungen nach Unfällen im Straßen- und Schienenverkehr, nach Flugzeugabstürzen, Unfällen auf Baustellen oder in Betrieben, nach Gebäudeeinstürzen oder Unwetterereignissen.

7.1 Aufgaben der Einsatzkräfte

In der Feuerwehr-Dienstvorschrift 3 (FwDV 3) sind die Grundlagen für das Vorgehen einer Gruppe bei einem Hilfeleistungseinsatz beschrieben. Bei diesen Einsätzen übernimmt der

Angriffstrupp	➡	die Aufgaben der Rettung
Wassertrupp	➡	die Aufgaben der Sicherung
Schlauchtrupp	➡	die Aufgaben der Gerätebereitstellung

Diese Aufgabenbeschreibung geht zunächst von der Mannschaftsstärke einer Gruppe aus. Bei einer Staffel oder einem selbstständigen Trupp müssen einzelne Aufgaben von anderen Einsatzkräften übernommen werden.

Die genauen Aufgaben der Mannschaft sind in der Feuerwehr-Dienstvorschrift 3 (FwDV 3) wie folgt festgelegt:

- Der **Einheitsführer** führt seine taktische Einheit, ist an keinen bestimmten Platz gebunden, ist für die Sicherheit der Mannschaft verantwortlich und bestimmt die Fahrzeugaufstellung, die Ordnung des Raumes und gegebenenfalls die Standorte von Aggregaten.
- Der **Maschinist** ist Fahrer und bedient die Aggregate, sichert sofort die Einsatzstelle mit Warnblinkanlage, Fahrlicht und blauem Blinklicht, unterstützt bei der Entnahme und Bereitstellung der Geräte, ist für die ordnungsgemäße Verlastung der Geräte verantwortlich und meldet Mängel an Einsatzmitteln dem Einheitsführer.
- Der **Melder** übernimmt befohlene Aufgaben, zum Beispiel bei der Lagefeststellung, beim In-Stellung-Bringen befohlener Geräte, beim Betreuen von Personen und bei der Informationsübertragung.
- Der **Angriffstrupp** rettet, führt bis zur Übergabe an den Rettungsdienst die Erstversorgung betroffener Personen (mindestens Erste Hilfe) durch, leistet technische Hilfe und bringt die befohlenen Geräte selbst vor, sofern kein Schlauchtrupp für diese Einsatzaufgabe zur Verfügung steht.

- Der **Wassertrupp** sichert auf Befehl die Einsatzstelle gegen fließenden Verkehr, Nachsacken, Wegrutschen oder Bewegen von Lasten, herabfallende oder umstürzende Gegenstände, auslaufende Betriebsstoffe, Brandgefahren, schlechte Sicht bei Dunkelheit sowie gegen weitere Gefahren, nimmt hierfür die erforderlichen Geräte vor und steht danach für weitere Einsatzaufgaben zur Verfügung.
- Der **Schlauchtrupp** bereitet die befohlenen Geräte für den Angriffstrupp vor, unterstützt soweit erforderlich, den Angriffstrupp, betreibt die zugehörigen Aggregate, setzt befohlene Geräte selbst ein, wenn der Angriffstrupp durch die Betreuung betroffener Personen gebunden ist und übernimmt auf Befehl zusätzliche Sicherungsmaßnahmen oder andere Einsatzaufgaben.

Hinweis: Bei besonderen Einsatzlagen oder beim Ausfall von Einsatzkräften bestimmt der Einheitsführer die jeweilige Aufgabenstellung.

7.2 Einsatzausrüstung

Gemäß der Feuerwehr-Dienstvorschrift 1 (FwDV 1) wird die persönliche Schutzausrüstung der Trupps entsprechend der jeweiligen Art und den Erfordernissen des Hilfeleistungseinsatzes zum Beispiel durch Warnkleidung, Schnittschutzkleidung, Gesichtsschutz, Gehörschutz und/oder Schutzbrille ergänzt. Die Einsatzausrüstung der Truppführer besteht aus einem Beleuchtungsgerät und gegebenenfalls einem Handsprechfunkgerät. Darüber hinaus wird je nach Einsatzart die Einsatzausrüstung des Angriffstrupps durch einen Verbandkasten und/oder ein Hebel-/Brechwerkzeug ergänzt, die Einsatzausrüstung des Schlauchtrupps durch hydraulische oder pneumatische Rettungsgeräte und/oder sonstige befohlene Geräte und die Einsatzausrüstung des Wassertrupps durch Warn- und Beleuchtungsgeräte und/oder Feuerlöscher oder eine Schnellangriffseinrichtung Wasser ergänzt.

Hinweis: Die Trupps sollten bei der Rettung von Personen medizinische Einmal-Handschuhe unter den Feuerwehrschutzhandschuhen tragen.

7.3 Einsatzgrundsätze

Die zur technischen Hilfeleistung vorgehenden Trupps müssen unter Anleitung der Truppführer in der Lage sein, bei unterschiedlichen Einsatzobjekten und Einsatzlagen den als Einsatzbefehl erhaltenen Auftrag selbstständig und fachlich richtig auszuführen. Dabei sind gemäß der Feuerwehr-Dienstvorschrift 3 (FwDV 3) folgende Einsatzgrundsätze zu beachten:

- Die Eigensicherung aller eingesetzten Einsatzkräfte ist in jedem Fall zu beachten. Der Einheitsführer ist für die Sicherheit der eingesetzten Einsatzkräfte verantwortlich.
- Die persönliche Schutzausrüstung der Einsatzkräfte ist den jeweiligen Erfordernissen des Einsatzes anzupassen. Der Einheitsführer kann Ergänzungen oder Abweichungen von der Schutzausrüstung befehlen.
- Betroffene Personen sollten bis zur Übergabe an den Rettungsdienst nicht ohne Betreuung sein. Der Einheitsführer sollte deshalb den Melder oder den Angriffstrupp bereits mit in die Erkundung einbeziehen.
- Die Erstversorgung der betroffenen Personen (mindestens Erste Hilfe) hat immer Vorrang und muss umgehend sichergestellt werden. Sie wird üblicherweise durch den Angriffstrupp durchgeführt.
- Die Rettung der betroffenen Personen sollte nur unter Beachtung der rettungsdienstlichen Erfordernisse erfolgen.
- An den Einsatzstellen müssen Einsatzkräfte vor Gefahren durch den fließenden Verkehr, Bewegen von Lasten, Brandentstehung, herabfallende oder umstürzende Teile, schlechte Sicht, Dunkelheit, auslaufende Betriebsstoffe und Elektrizität gesichert werden.
- Auf die Beseitigung von weiteren Gefahren, sowie auf die Kennzeichnung und die Absperrung von besonderen Gefahrenstellen innerhalb des Arbeitsbereiches der Einsatzkräfte ist besonders zu achten.
- Zur Ordnung des Raumes werden ein Absperr- und ein Arbeitsbereich durch den Einheitsführer festgelegt. Des Weiteren werden eine Ablagefläche für Einsatzmittel und eine Ablagefläche für aus dem Arbeitsbereich entfernte Gegenstände eingerichtet. Zur Kennzeichnung dieser Flächen können entsprechende Planen verwendet werden.

7.4 Selbstkontrolle und Testfragen

(Lösungen siehe Seite 120)

1. Welche grundsätzlichen Aufgaben übernehmen die Trupps im Hilfeleistungseinsatz?

a) Der Angriffstrupp die Aufgaben der Rettung.
b) Der Angriffstrupp die Aufgaben des Angriffs.
c) Der Wassertrupp die Aufgaben der Bereitstellung.
d) Der Wassertrupp die Aufgaben der Sicherung.
e) Der Schlauchtrupp die Aufgaben der Gerätebeschaffung.
f) Der Schlauchtrupp die Aufgaben der Gerätebereitstellung.

2. Welche Aufgaben des Wassertrupps sind in der Feuerwehr-Dienstvorschrift 3 (FwDV 3) festgelegt?

a) Sichern gegen fließenden Verkehr.
b) Sichern gegen Nachsacken, Wegrutschen oder Bewegen von Lasten.
c) Sichern gegen herabfallende oder umstürzende Gegenstände.
d) Sichern der befohlenen Geräte für den Angriffstrupp.
e) Sichern gegen schlechte Sicht bei Dunkelheit.
f) Zur Verfügung stehen für weitere Einsatzaufgaben.

3. Welche Einsatzgrundsätze müssen die Trupps bei einem Hilfeleistungseinsatz beachten?

a) Die Eigensicherung der Einsatzkräfte ist in jedem Fall zu beachten.
b) Der Melder oder der Angriffstrupp sind in die Erkundung einzubeziehen.
c) Der Truppführer kann Abweichungen von der Ausrüstung befehlen.
d) Erstversorgung und Erste-Hilfe-Maßnahmen werden üblicherweise vom Angriffstrupp durchgeführt.
e) Besondere Gefahrenstellen sind zu kennzeichnen und abzusperren.
f) Betroffene Personen werden vom Rettungsdienst gerettet.

8 ABC-Gefahrstoffe

Sind Gefahren durch ABC-Gefahrstoffe an einer Einsatzstelle eindeutig erkennbar oder werden dort derartige Gefahren vermutet, ist ein Einsatz der Feuerwehr erforderlich, bei dem die besonderen Gefahren, die von diesen Gefahrstoffen ausgehen können, berücksichtigt werden müssen. Aufgabe der Feuerwehr ist es dann, geeignete Einsatzmittel und Einsatzmaßnahmen zur Gefahrenabwehr einzusetzen und anzuwenden.

Abbildung 22: Gefahr durch einen defekten Container mit einem Gefahrstoff! (Quelle: Michael Ehresmann, Feuerwehrforum Wiesbaden112.de)

8.1 Gefahren durch ABC-Gefahrstoffe

ABC-Gefahrstoffe sind radioaktive, biologische oder chemische Stoffe, von denen bei ordnungsgemäßem Gebrauch zunächst keine besonderen Gefahren ausgehen. Ein unsachgemäßer Umgang mit derartigen Stoffen, äußere Einwirkungen oder das unkontrollierte Freiwerden können jedoch zu erheblichen Gefahren für Personen, Tiere, Umwelt und Sachen führen. Diese Gefahren können vor allem durch die Aufnahme gefährlicher Stoffe in den Körper (Inkorporation), durch die Verunreinigung von Körperoberflächen, von Böden, Gewässern oder Gegenständen mit gefährlichen Stoffen (Kontamination) oder durch Einwirkungen radioaktiver Strahlungen, Röntgen-, Ultraviolett- oder Wärmestrahlungen auf Lebewesen oder Gegenstände (gefährliche Einwirkungen von außen) auftreten.

8.2 Eigenschaften der ABC-Gefahrstoffe

Chemische Stoffe werden entsprechend ihrer Eigenschaften und ihrer Gefährdungsmerkmale in folgende Gefahrenklassen eingeteilt:

- Explosive Stoffe und Erzeugnisse mit Explosivstoff
- Entzündbare Gase, flüssige Stoffe und feste Stoffe
- Gase unter Druck und Aerosolpackungen
- Selbstentzündliche und selbsterhitzungsfähige flüssige und feste Stoffe
- Stoffe, die in Berührung mit Wasser entzündbare Gase entwickeln
- Oxidierende Gase, flüssige Stoffe und feste Stoffe
- Organische Peroxide
- Gegenüber Metallen korrosive Stoffe
- Giftige Stoffe
- Stoffe mit Ätz- oder Reizwirkung auf Haut, Augen und Atemwege
- Keimzellenverändernde, krebserzeugende und fortpflanzungsgefährdende Stoffe
- Gewässergefährdende und die Ozonschicht schädigende Stoffe

Biologische Stoffe werden entsprechend ihrer Eigenschaften und Gefährdungsmerkmale in Mikroorganismen, Zellkulturen oder Toxine (Gifte) eingeteilt. Sie können unter anderem Infektionen sowie sensibilisierende oder giftige Wirkungen hervorrufen. Radioaktive Stoffe werden in Kernbrennstoffe und sonstige radioaktive Stoffe eingeteilt. Sie haben die Eigenschaft zu zerfallen und dabei Strahlungen auszusenden, die auf den menschlichen Organismus schädigend einwirken.

8.3 Kennzeichnung der ABC-Gefahrstoffe

Zum Schutz vor den Gefahren durch ABC-Gefahrstoffe müssen die Stoffe, ihre Behältnisse und Verpackungen, ihre Lager- und Verwendungsorte sowie ihre Transporteinrichtungen und Transportfahrzeuge durch entsprechende Gefahrenhinweise, Gefahrensymbole, Gefahrzettel, Gefahrennummern oder bestimmte farbliche Markierungen gekennzeichnet werden.

Durch die Kombination festgelegter Formen und Farben und durch einheitliche Symbole dieser Kennzeichnungen ist es den Einsatzkräften möglich, sich schnell und auch aus größerer Entfernung, einen Überblick über die möglichen stoffbezogenen Gefahren zu verschaffen und umgehend die notwendigen Einsatzmaßnahmen einzuleiten.

■ Stoffe, Gemische und Erzeugnisse

Bestimmte gefährliche Stoffe, Gemische und Erzeugnisse werden durch GHS-Gefahrenpiktogramme gekennzeichnet, die zusammen mit Signalwörtern, Gefahrenhinweisen, Sicherheitshinweisen und zusätzlichen Informationen auf einem Sicherheitsetikett zusammengefasst und auf den Verpackungen der Stoffe, Gemische oder Erzeugnisse angebracht werden.

Tabelle 11: Gefahrenpiktogramme gemäß GHS-System

Piktogramm	Eigenschaft	Piktogramm	Eigenschaft
	explosive Stoffe, Gemische oder Erzeugnisse		giftige Stoffe, Gemische oder Erzeugnisse
	entzündbare Gase, Flüssigkeiten oder Feststoffe		gesundheitsgefährdende Stoffe, Gemische oder Erzeugnisse
	oxidierende Gase, Flüssigkeiten oder Feststoffe		Gewässer gefährdende Stoffe, Gemische oder Erzeugnisse
	verdichtete, verflüssigte oder gelöste Gase		alleinige oder zusätzliche Kennzeichnung von Gesundheitsgefahren
	korrosiv wirkende Stoffe, Gemische oder Erzeugnisse		

Gebäude, Räume und Anlagen

Um die Sicherheit von Beschäftigten zu gewährleisten, müssen in Gebäuden, Räumen und Anlagen unter anderem geeignete Sicherheitskennzeichnungen angebracht werden, zum Beispiel Verbotszeichen, mit denen ein bestimmtes Verhalten untersagt wird, durch das eine Gefahr entstehen kann oder Warnzeichen, die vor einer Gefahrstelle, vor gefährlichen Stoffen oder Objekten warnen sollen. Diese Sicherheitskennzeichnungen stellen für die Feuerwehr im Einsatz eine wichtige Informationsquelle und Hilfe dar.

Tabelle 12: Beispiele für Verbots- und Warnzeichen

Verbotszeichen	Bedeutung
	Rauchen verboten
	keine offene Flamme; Feuer, offene Zündquelle und Rauchen verboten
	mit Wasser löschen verboten
	Zutritt für Unbefugte verboten

Warnzeichen	Bedeutung
	Warnung vor explosionsgefährlichen Stoffen
	Warnung vor radioaktiven Stoffen oder ionisierender Strahlung
	Warnung vor Biogefährdung
	Warnung vor ätzenden Stoffen

Transport gefährlicher Güter

Zum Schutz vor den Gefahren beim Transport gefährlicher Güter wurden unterschiedliche Kennzeichnungssysteme festgelegt. Die Transportbehältnisse und Transportfahrzeuge für gefährliche Güter müssen ab einer bestimmten Menge und je nach Gefährlichkeitsmerkmal mit entsprechenden Gefahrzetteln und orangefarbenen Warntafeln gekennzeichnet sein.

Gefahrzettel beschreiben mit dem jeweiligen Symbol die Gefahrenklasse, die Nummer der Gefahrenklassen und mit einer bestimmten Farbgebung die Art der Gefahr, die von den transportierten Gütern ausgeht.

Tabelle 13: Gefahrenzettel und sonstige Kennzeichnungen

Zeichen	Eigenschaft	Zeichen	Eigenschaft
1	explosive Stoffe und Gegenstände mit Explosivstoff	5.2	organische Peroxide
2	entzündbare Gase	6	giftige Stoffe
2	nicht entzündbare, nicht giftige Gase	6	ansteckungsgefährliche Stoffe
2	giftige Gase	RADIOAKTIV 7	radioaktive Stoffe
3	entzündbare flüssige Stoffe	8	ätzende Stoffe
4	entzündbare feste Stoffe	9	verschiedene gefährliche Stoffe und Gegenstände
4	selbstentzündliche Stoffe		umweltgefährdende Stoffe
4	Stoffe, die bei Berührung mit Wasser entzündbare Gase entwickeln		erwärmte Stoffe
5.1	entzündend (oxidierend) wirkende Stoffe	A	Abfallstoffe

■ Orangefarbene Warntafel

Die orangefarbene **Warntafel** ist eine Kennzeichnung an Fahrzeugen, auf der übereinander zwei Nummern stehen oder die leer ist. Anhand dieser Kennzeichnung kann die Feuerwehr auch aus größerer Entfernung erkennen, dass gefährliche Güter mit einem Fahrzeug transportiert werden. Im oberen Teil befindet sich dazu die Gefahrnummer zur Kennzeichnung der Gefahr, im unteren Teil die Stoffnummer, anhand derer der transportierte Stoff bestimmt werden kann. Die Gefahrnummer besteht aus zwei oder drei Ziffern, die auf eine bestimmte Gefahr hinweisen.

2	Entweichen von Gas durch Druck oder chemische Reaktion
3	Entzündbarkeit von Flüssigkeiten (Dämpfen) und Gasen
4	Entzündbarkeit fester Stoffe
5	Oxidierende (brandfördernde) Wirkung
6	Giftigkeit oder Ansteckungsgefahr
7	Radioaktivität
8	Ätzende Wirkungen
9	Gefahr einer spontanen heftigen Reaktion

Wenn die Gefahr, die von einem Stoff ausgeht, ausreichend durch eine Ziffer angegeben werden kann, wird dieser Ziffer eine Null angefügt. Wenn der Buchstabe X vorangestellt ist, bedeutet dies, dass der Stoff in gefährlicher Weise mit Wasser reagiert. Die Verdoppelung einer Ziffer weist auf eine Zunahme der entsprechenden Gefahr hin. Bestimmte Ziffernkombinationen haben eine besondere Bedeutung, zum Beispiel die Kombination 22 für tiefgekühltes Gas oder die 44 für einen entzündbaren festen Stoff, der sich bei erhöhter Temperatur im geschmolzenen Zustand befindet.

Die Stoffnummer ist eine fortlaufende Nummer aus einer Liste aller erfassten Typen von Gefahrgütern, mit der im Einsatzfall Informationen über den Stoff, zum Beispiel aus Nachschlagewerken, gewonnen werden.

■ Zusätzliche Kennzeichnungen im Schienenverkehr

Auch beim Transport gefährlicher Stoffe und Güter im Schienenverkehr gelten die Kennzeichnungspflichten mit den beschriebenen Gefahrzetteln und den orangefarbenen Warntafeln. Eisenbahnwagen und Container, die gefährliche Stoffe und Güter beinhalten, werden seitlich mit Gefahrzetteln gekennzeichnet, Behälterwagen (Kesselwagen) zusätzlich mit seitlich angebrachten orangefarbenen Warntafeln. Darüber hinaus müssen bestimmte Rangierzettel an den betreffenden Wagen angebracht werden, die auf die besondere Gefährlichkeit der transportierten Ladung und die Vermeidung von Stoßbelastungen hinweisen.

Tabelle 14: Zusätzliche Kennzeichnungen im Schienenverkehr

Kennzeichen	Bedeutung
	Rangierzettel Vorsichtig verschieben
	Rangierzettel Anstoß- und Ablaufverbot. Muss von einem Triebfahrzeug beigestellt werden. Darf nicht auflaufen und muss gegen das Auflaufen anderer Wagen geschützt werden.
	Orangefarbener Streifen mindestens 300 Millimeter breit und in Höhe der Behälterachse waagerecht umlaufend, an Behälter von Kesselwagen, die verflüssigte, tiefgekühlt verflüssigte oder gelöste Gase enthalten

Farbkennzeichnung von Gasflaschen

Zur besseren Erkennbarkeit des Inhaltes von Gasflaschen – auch aus größerer Entfernung – werden diese, in Abhängigkeit von den Eigenschaften ihres Inhaltes, mit einer farblichen Kennzeichnung auf der Flaschenschulter versehen. Die verbindlichen Angaben über den Inhalt einer Gasflasche enthält der zusätzlich auf der Flaschenschulter angebrachte Gefahrgutaufkleber, auf dem unter anderem die Stoffnummer, die Zusammensetzung des Gases oder des Gasgemisches, die Produktbezeichnung des Herstellers sowie die Gefahren- und Sicherheitshinweise abgelesen werden können.

Tabelle 15: Farbkennzeichnung von ortsbeweglichen Gasflaschen

Farbkennzeichnung	Gase beziehungsweise Gasgemische
gelb	giftige und/oder ätzende Gase, zum Beispiel Chlor, Ammoniak oder Kohlenmonoxid
rot	entzündbare Gase, zum Beispiel Wasserstoff, Ethylen oder Methan
blau	oxydierende Gase, zum Beispiel Sauerstoffgemische, Lachgasgemische
leuchtend grün	erstickende Gase, zum Beispiel Xenon, Neon oder auch Schweißschutzgasgemische
kastanienbraun	Acetylen
weiß	Sauerstoff
dunkelgrün	Argon
schwarz	Stickstoff
weiß schwarz	synthetische Luft, Druckluft für Atemzwecke

8.4 Verhalten im ABC-Einsatz

In der Feuerwehr-Dienstvorschrift 500 (FwDV 500) „Einheiten im ABC-Einsatz“ werden Festlegungen getroffen, die bei Einsätzen der Feuerwehr im Zusammenhang mit Gefahren durch radioaktive, biologische und chemische Stoffe und Gemische zu beachten sind. Oftmals müssen sich die Einsatzkräfte, die zuerst an der Einsatzstelle eintreffen, wegen fehlender oder nicht ausreichender Sonderausrüstung und -ausbildung darauf beschränken, nur erste Einsatzmaßnahmen zur Sicherung der Einsatzstelle und zur Rettung gefährdeter Personen einzuleiten. Der Einsatzleiter muss unverzüglich die Alarmierung von speziell ausgebildeten Einsatzkräften mit den erforderlichen Sonderausrüstungen veranlassen.

■ GAMS-Regel

In der ersten Einsatzphase vor dem Eintreffen speziell ausgebildeter Einsatzkräfte mit den erforderlichen Sonderausrüstungen können die zuerst an der Einsatzstelle eingetroffenen Einsatzkräfte schon bestimmte Einsatzmaßnahmen entsprechend der GAMS-Regel durchführen.

G	Gefahren erkennen
A	Absperrung und Absicherung vornehmen
M	Menschenrettung durchführen
S	Spezialkräfte alarmieren

Die Reihenfolge G-A-M-S muss dabei nicht zwingend eingehalten werden. Wichtig ist vielmehr, dass alle genannten Einsatzmaßnahmen durchgeführt werden. Ergänzende Maßnahmen können dann von den dafür ausgebildeten Einsatzkräften durchgeführt werden und sind üblicherweise bei allen ABC-Einsätzen einzuleiten. Sie sind auch dann durchzuführen, wenn die Art, die Eigenschaften und die Menge der ABC-Gefahrstoffe noch nicht vollständig erkundet wurden. Sind diese hingegen bekannt, können spezielle Einsatzmaßnahmen geplant und durchgeführt werden.

■ Schutzmaßnahmen für Einsatzkräfte und betroffene Personen

Bei der Durchführung aller notwendiger Einsatzmaßnahmen im Zusammenhang mit ABC-Gefahrstoffen muss sowohl der Eigenschutz der Einsatzkräfte als auch der Schutz der betroffenen Personen jederzeit beachtet werden. Die dazu erforderlichen Schutzmaßnahmen können entsprechend der AAA-Regel durchgeführt werden.

A	Abstand halten
A	Aufenthaltsdauer begrenzen
A	Abschirmung nutzen

Bereiche mit einer großen Anhäufung von ABC-Gefahrstoffen sind nach Möglichkeit zu meiden. Dazu müssen die Einsatzkräfte zum Schadenobjekt möglichst weit oder ausreichend **Abstand halten,** da die Wirkung von ABC-Gefahrstoffen mit zunehmender Entfernung zum Schadenobjekt stark abnimmt. Bei der Einhaltung des Abstandes ist auf eine entsprechend bemessene Absperrung zu achten.

Die **Aufenthaltsdauer begrenzen** führt dazu, dass weniger Gefahrstoffe auf die Einsatzkräfte oder die betroffenen Personen einwirken können, das heißt, je kürzer die Aufenthaltsdauer, umso geringer die Einwirkungen. Weiterhin sollten die Zahl der Einsatzkräfte im Wirkungsbereich von ABC-Gefahrstoffen so gering wie möglich gehalten und nur die unbedingt erforderlichen Einsatzkräfte in dem Bereich eingesetzt werden.

Bei allen Einsatzmaßnahmen im Zusammenhang mit ABC-Gefahrstoffen – vor allem mit radioaktiven oder explosiven Stoffen – sollten die Einsatzkräfte so gut wie möglich vorhandene Deckungen (Wände, Mauern, Erdwälle, ...) oder behelfsmäßige Deckungen als **Abschirmung nutzen.** Zum Bereich der Abschirmung zählt auch das Anlegen von persönlichen und weiteren Schutzausrüstungen.

■ Weitere Schutzmaßnahmen

Neben den Schutzmaßnahmen gemäß der AAA-Regel sind weitere Schutzmaßnahmen zur Vermeidung von Kontamination, zum Ausschluss von Inkorporation und gegen gefährliche Einwirkungen von außen zu beachten.

Kontamination vermeiden
Inkorporation ausschließen
Gefährliche Einwirkungen von außen verhindern

Die **Kontamination** ist die Verunreinigung der Körperoberfläche und Kleidung mit ABC-Gefahrstoffen, zum Beispiel mit Stäuben, Flüssigkeiten, Gasen oder Dämpfen. Bei allen Einsatzmaßnahmen ist eine Kontamination der Einsatzkräfte zu vermeiden oder zumindest möglichst gering zu halten. Bei einer vermuteten oder erkannten Kontamination der Einsatzkräfte erfolgt mit der vor Ort vorhandenen Ausrüstung der Feuerwehr als Sofortmaßnahme eine Notdekontamination. Weitere Maßnahmen der Dekontamination werden durch speziell ausgerüstete Einheiten vorgenommen.

Die **Inkorporation** ist die Aufnahme von ABC-Gefahrstoffen in den Körper, zum Beispiel über den Mund, die Nase und/oder über die Haut. Bei allen Einsatzmaßnahmen muss eine Inkorporation ausgeschlossen werden, da es nicht ohne weiteres möglich ist, ABC-Gefahrstoffe wieder aus dem Körper zu entfernen. Eine wesentliche Schutzmaßnahme ist die Verwendung von geeigneten Atemschutzgeräten, zum Beispiel von Pressluftatmern.

Die **gefährlichen Einwirkungen von außen** können durch Druckwellen oder durch Splitter oder Trümmer entstehen. Derartige Einwirkungen auf die Einsatzkräfte sind zu vermeiden. Weitere gefährliche Einwirkungen können durch elektromagnetische oder ionisierende Strahlung entstehen. Diese Einwirkungen auf die Einsatzkräfte sind möglichst gering zu halten.

8.5 Selbstkontrolle und Testfragen

(Lösungen siehe Seite 120)

1. In welche Gefahrenklassen werden chemische Stoffe entsprechend ihrer Eigenschaften und Gefährdungsmerkmale eingeteilt?

a) Explosive Stoffe und Erzeugnisse mit Explosivstoff.
b) Oxidierende Gase, flüssige Stoffe und feste Stoffe.
c) Stoffe, die in Berührung mit Luft entzündbare Gase entwickeln.
d) Stoffe mit Ätz- oder Reizwirkung auf Haut, Augen und Atemwege.
e) Gewässer gefährdende und die Ozonschicht schädigende Stoffe.
f) Leicht-, normal- und schwerentflammbare feste Stoffe.

2. Welche Kennzeichnungssysteme sind zum Schutz vor den Gefahren beim Transport gefährlicher Güter festgelegt?

a) GHS-Gefahrenpiktogramme.
b) Gefahrzettel.
c) Verbots- und Warnzeichen.
d) Orangefarbene Warntafeln.

3. Welche allgemeinen Einsatzmaßnahmen sind entsprechend der GAMS-Regel durchzuführen?

a) Gefahr beseitigen.
b) Absperrung und Absicherung vornehmen.
c) Menschenrettung durchführen.
d) Spezialkräfte trainieren.

4. Welche erforderlichen Schutzmaßnahmen können entsprechend der AAA-Regel durchgeführt werden?

a) Abstand halten.
b) Aufenthaltsdauer begrenzen.
c) Ältere Einsatzkräfte einsetzen.
d) Abschirmung nutzen.

9 Brandsicherheitswachdienst

Auch die Verhütung von Bränden und Brandgefahren ist eine Aufgabe der Feuerwehren. Hierzu gehört unter anderem der Brandsicherheitswachdienst, der während örtlich und zeitlich begrenzter Veranstaltungen in Gebäuden oder im Freien als vorbeugende Brandschutzmaßnahme durchgeführt wird. Die grundsätzliche Aufgabe des Brandsicherheitswachdienstes besteht darin, den sicheren Ablauf einer Veranstaltung zu gewährleisten.

Hinweis: In Abhängigkeit von den jeweiligen länderrechtlichen Regelungen wird der Brandsicherheitswachdienst auch als Brandsicherheitswache, Feuersicherheitsdienst oder Feuersicherheitswache bezeichnet.

Für Veranstaltungen, bei denen bei Ausbruch eines Brandes eine größere Anzahl von Personen gefährdet wären, kann ein Brandsicherheitswachdienst angeordnet werden. Dies ist dem Aufgabenbereich der Gemeinden zugeordnet, die in Abhängigkeit von der Art der Veranstaltung, der Zahl der Besucher und der Art der Versammlungsstätte für die Anordnung eines Brandsicherheitswachdienstes zuständig sind. Dabei sind die jeweiligen landesrechtlichen Regelungen zu beachten und anzuwenden. Wird durch das Ordnungsamt oder die Brandschutzdienststelle einer Gemeinde ein Brandsicherheitswachdienst angeordnet, wird dieser üblicherweise durch die örtlich zuständige Feuerwehr durchgeführt. Die Art und die Durchführung werden dann vom Leiter der Feuerwehr festgelegt.

9.1 Organisation des Brandsicherheitswachdienstes

Der Leiter der örtlich zuständigen Feuerwehr trifft alle wesentlichen Festlegungen für die Organisation des Brandsicherheitswachdienstes üblicherweise in schriftlicher Form (Dienstanweisung, ...). Darin werden, gegebenenfalls in Abstimmung mit dem Veranstalter beziehungsweise dem Betreiber vor Ort, unter anderem folgende Festlegungen aufgeführt:

- Veranstaltungsort und Veranstaltungsart
- Veranstaltungsbeginn
- Personalstärke und Leitung des Brandsicherheitswachdienstes
- Dienstbeginn, gegebenenfalls auch Dienstende und Ablösungen
- Art der Dienstbekleidung
- Art und Umfang der mitgeführten Ausrüstung und Einsatzmittel
- besondere Hinweise zur Veranstaltung

Die Personalstärke des Brandsicherheitswachdienstes richtet sich nach der Art der Veranstaltung, den örtlich bedingten Gefahren und/oder der räumlichen Ausdehnung der Versammlungsstätte beziehungsweise des Versammlungsbereiches. Der Brandsicherheitswachdienst besteht aus entsprechend ausgebildeten Feuerwehrangehörigen aus der Einsatzabteilung der Feuerwehr, mindestens aus einem Wachhabenden und einem Wachposten.

Das Mitführen von Einsatzausrüstungen oder Einsatzbekleidung ist üblicherweise nicht erforderlich, da es zunächst nicht die Aufgabe des Brandsicherheitswachdienstes ist, umfassende Einsatzmaßnahmen vorzunehmen. Die übliche Bekleidung der Feuerwehrangehörigen bei Veranstaltungen in Gebäuden ist vielmehr die Dienstbekleidung (Uniform ohne Dienstmütze). Für die Kommunikation untereinander sollten gegebenenfalls Handsprechfunkgeräte mitgeführt werden. Für die Kommunikation mit der zuständigen Leitstelle der Feuerwehr ist ein Funksprechgerät im Dienstfahrzeug oder ein vor Ort mitgeführtes Handsprechfunkgerät erforderlich.

Bei räumlich ausgedehnten Veranstaltungen, Märkten, Straßenfesten, Messen oder Ausstellungen ist es gegebenenfalls erforderlich, mit einem bei Bedarf mitgeführten Löschfahrzeug einen Erstangriff vorzunehmen oder auch Kontrollfahrten durchzuführen. Vom Bereitstellungsplatz des Löschfahrzeuges aus muss ein problemloses Einfahren in das Veranstaltungsgelände und ein Befahren des Geländes möglich sein. Im Bereich des Bereitstellungsplatzes sollte zum Beispiel ein Bereitschaftsraum in einer festen Unterkunft (mit Telefonanschluss) oder ein geeignetes Zelt für die Einsatzkräfte des Brandsicherheitswachdienstes vorhanden sein.

Bei Zirkusveranstaltungen wird üblicherweise ein Löschfahrzeug (möglichst Tanklöschfahrzeug) bereitgestellt. Als vorbereitende Maßnahmen werden Schlauchleitungen bis zum Zelt ausgelegt und auch unter Druck gesetzt und Kleinlöschgeräte in ausreichender Zahl bereitgehalten.

9.2 Aufgaben des Brandsicherheitswachdienstes

Der Brandsicherheitswachdienst hat als grundsätzliche Aufgabe die Einhaltung der einschlägigen Brandschutzvorschriften und der für die Veranstaltung festgelegten Schutzeinrichtungen und -maßnahmen zu prüfen und im Gefahrfall die Feuerwehr und/oder den Rettungsdienst zu alarmieren sowie die notwendige Erstmaßnahmen zur Rettung der anwesenden Personen und zur Bekämpfung von Entstehungsbränden einzuleiten.

■ Aufgaben vor der Veranstaltung

Die Dienstaufnahme sollte etwa 30 Minuten vor Beginn der Veranstaltung beziehungsweise vor Einlass der Besucher stattfinden, sofern keine besonderen Überprüfungen oder Sicherheitsmaßnahmen notwendig sind. Der Dienstbeginn wird durch den Wachhabenden des Brandsicherheitswachdienstes der Leitstelle der Feuerwehr gemeldet, zum Beispiel über ein internes Telefon, über ein mitgeführtes Funksprechgerät oder (nach Rücksprache!) über eine gegebenenfalls vorhandene Brandmeldeanlage. Dadurch wird gleichzeitig die sichere Verbindung mit der Leitstelle überprüft.

Der Wachhabende meldet sich zunächst beim Veranstalter oder Betreiber beziehungsweise deren Beauftragten an, erfragt Besonderheiten der bevorstehenden Veranstaltung und spricht sich mit den gegebenenfalls anwesenden Diensten (Rettungsdienst, Sanitätsdienst, Ordnungsdienst, ...) ab. Er weist die Wachposten in ihre Aufgaben, in die Handlungsabläufe und in Besonderheiten während der Veranstaltung ein. Danach erfolgt ein Rundgang zusammen mit dem Veranstalter oder Betreiber beziehungsweise deren Beauftragten durch den gesamten Veranstaltungsbereich und/oder über das Veranstaltungsgelände. Dabei wird insbesondere geprüft, ob

- Anfahrts- und Zufahrtswege sowie Aufstellflächen für die Feuerwehr und den Rettungsdienst freigehalten und passierbar sind,
- Rettungswege und Notausgänge frei und in voller Breite nutzbar, nicht verschlossen sowie beleuchtet sind,
- Löschgeräte, tragbare Feuerlöscher oder Wandhydranten vorhanden, frei zugänglich und betriebsbereit sind (Sichtkontrolle),
- Sicherheitseinrichtungen, zum Beispiel Löschanlagen, Feuerschutz- und Rauchschutztüren, Rauch- und Wärmeabzugsanlagen, Sicherheitsbeleuchtungen, ein vorhandener Schutzvorhang („Eiserner Vorhang") oder Alarmeinrichtungen, frei zugänglich und betriebsbereit sind,
- Bedienungselemente der Sicherheitseinrichtungen frei zugänglich sind,
- festgelegte Rauchverbote eingehalten werden
- und die für die jeweilige Nutzung genehmigten Bestuhlungspläne und Sicherheitskonzepte umgesetzt wurden.

■ Aufgaben während der Veranstaltung

Bei Veranstaltungen in Gebäuden werden die vom Wachhabenden zugewiesenen Postenplätze eingenommen, von denen der Aufführungsbereich während der gesamten Veranstaltungsdauer und auch in den Pausen ständig überblickt werden kann, ohne die jeweiligen Handlungen zu stören.

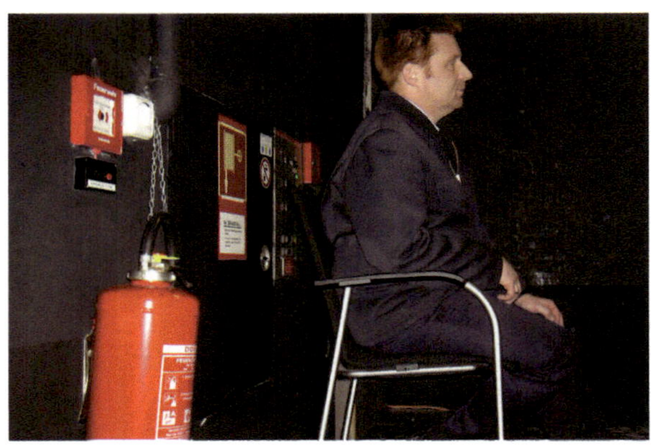

Abbildung 23: Wachposten im Bühnenbereich (Quelle: Dirk Ehrlich, Kassel)

Darbietungen während der Veranstaltung, von denen besondere Gefahren ausgehen können, zum Beispiel feuergefährliche Handlungen, Pyrotechnik oder Rauchen auf der Bühne, sind ununterbrochen zu überwachen. Die Handlungen dürfen durch den Brandsicherheitswachdienst nur bei einer unmittelbaren Gefahr gestört, unterbrochen oder abgebrochen werden.

Die Wachposten dürfen ihren Platz ohne Absprache mit dem Wachhabenden nicht verlassen. Sie haben sich auf ihre Aufgabe zu konzentrieren und dürfen keine aufgabenfremden Tätigkeiten übernehmen. In den Pausen muss mindestens ein Wachposten im Überwachungsbereich verbleiben, da in diesem Zeitraum oftmals Umbauten an den Kulissen durchgeführt werden, die Sicherheitseinrichtungen oder -maßnahmen beeinträchtigen könnten.

Bei Veranstaltungen, bei denen sich Besucher ständig innerhalb von Veranstaltungsräumen oder auf einem Veranstaltungsgelände bewegen, führt der Brandsicherheitswachdienst regelmäßige Kontrollgänge im gesamten Veranstaltungsbereich durch. Dabei ist es notwendig, dass die Wachposten und der Wachhabende miteinander in Funkverbindung stehen. Es ist aber darauf zu achten, dass Störungen der Handlungen durch den Sprechfunkverkehr unterbleiben. Auf die Einhaltung der Schutzmaßnahmen und der für die Veranstaltung getroffenen Sicherheitsvorkehrungen ist bei diesen Kontrollgängen besonders zu achten.

■ Aufgaben nach der Veranstaltung

Der Brandsicherheitswachdienst kann beendet werden, wenn alle Besucher den Veranstaltungsbereich verlassen haben oder nach dem Ende der Veranstaltung eine besondere Gefährdung aufgrund einer nur noch geringen Zahl von Besuchern ausgeschlossen werden kann. Die Einschätzung liegt im Ermessen des Wachhabenden des Brandsicherheitswachdienstes. Bei einem abschließenden Rundgang durch den gesamten Veranstaltungsbereich – möglichst zusammen mit dem Veranstalter oder Betreiber beziehungsweisen deren Beauftragten – wird nach der Veranstaltung der sichere beziehungsweise ordnungsgemäße Zustand des Veranstaltungsbereiches überprüft.

Die Beendigung des Brandsicherheitswachdienstes ist sowohl dem Veranstalter oder Betreiber beziehungsweise deren Beauftragten als auch der Leitstelle der Feuerwehr mitzuteilen. Durch den Wachhabenden wird ein Bericht (Formblatt) angefertigt und an die zuständige Gemeinde weitergeleitet. Der Bericht sollte vor allem sämtliche festgestellten Mängel sowie die Maßnahmen zur Mängelbeseitigung dokumentieren.

9.3 Maßnahmen bei einem Brand oder einer Gefahr

Wird innerhalb des Veranstaltungsbereiches oder auf einem Veranstaltungsgelände zum Beispiel Brandgeruch, Rauchentwicklung, ein Entstehungsbrand oder eine sonstige Gefahr wahrgenommen oder gemeldet, ist zuerst und sofort die zuständige Leitstelle der Feuerwehr über die vorhandenen Alarmierungseinrichtungen zu alarmieren. Durch den Wachhabenden wird dann eine Erkundung der Lage, zum Beispiel zur Ursache des Brandgeruchs oder der Rauchentwicklung, durchgeführt. Soweit möglich, ist ein Entstehungsbrand mit Feuerlöschern zu bekämpfen, bei Bedarf sind die entsprechenden Lösch- und Sicherheitseinrichtungen auszulösen und die nachrückenden Einsatzkräfte genau einzuweisen.

Wird dem Brandsicherheitswachdienst ein Brand außerhalb des Veranstaltungsbereiches gemeldet, wird zuerst und sofort die zuständige Leitstelle der Feuerwehr informiert. Danach erkundet nur der Wachhabende die gemeldete Brandstelle. Die Wachposten dürfen den Veranstaltungsbereich nicht verlassen. Werden andere Notfallmeldungen an den Brandsicherheitswachdienst herangetragen, zum Beispiel verletzte oder plötzlich erkrankte Personen, ist sinngemäß zu verfahren.

Bei der Durchführung der genannten Maßnahmen ist durch den Wachhabenden jederzeit zu prüfen, ob eine Räumung oder Teilräumung des Versammlungsbereiches erforderlich ist und die anwesenden Personen umgehend in Sicherheit gebracht werden müssen.

9.4 Selbstkontrolle und Testfragen

(Lösungen siehe Seite 120)

1. Welche Festlegungen sollten in einer Dienstanweisung für einen Brandsicherheitswachdienst aufgeführt werden?

a) Veranstaltungsort und Veranstaltungsart.
b) Veranstaltungsbeginn.
c) Personalstärke und Leitung des Brandsicherheitswachdienstes.
d) Dienstbeginn, gegebenenfalls auch Dienstende und Ablösungen.
e) Besondere Hinweise zur Bezahlung des Brandsicherheitswachdienstes.

2. Welche grundsätzlichen Aufgaben hat ein Brandsicherheitswachdienst?

a) Die Einhaltung der einschlägigen Brandschutzvorschriften und der für die Veranstaltung festgelegten Schutzeinrichtungen und -maßnahmen prüfen.
b) Den Aufbau und die Durchführung der Veranstaltung durch abgestimmte freiwillige Hilfsmaßnahmen unterstützen.
c) Die Feuerwehr und/oder den Rettungsdienst im Gefahrfall unverzüglich alarmieren.
d) Die notwendige Erstmaßnahmen zur Rettung der anwesenden Personen und zur Bekämpfung von Entstehungsbränden einleiten.

3. Welche Überprüfungen müssen bei einem Rundgang vor der Veranstaltung erfolgen?

a) Sind Anfahrts- und Zufahrtswege sowie Aufstellflächen für die Feuerwehr und den Rettungsdienst freigehalten und passierbar?
b) Sind Rettungswege und Notausgänge frei und in voller Breite nutzbar, nicht verschlossen sowie beleuchtet?
c) Sind Sicherheitseinrichtungen, zum Beispiel Löschanlagen, Feuerschutz- und Rauchschutztüren, auf dem aktuellen Stand der Technik?
d) Sind Löschgeräte, tragbare Feuerlöscher oder Wandhydranten vorhanden, frei zugänglich und betriebsbereit (Sichtkontrolle)?

10 Literatur- und Quellenverzeichnis

Feuerwehr-Dienstvorschrift 1 (FwDV 1) „Grundtätigkeiten – Lösch- und Hilfeleistungseinsatz“, Stand: September 2006, Ausschuss Feuerwehrangelegenheiten, Katastrophenschutz und zivile Verteidigung, W. Kohlhammer Deutscher Gemeindeverlag GmbH, Stuttgart

Feuerwehr-Dienstvorschrift 3 (FwDV 3) „Einheiten im Lösch- und Hilfeleistungseinsatz“, Stand: Februar 2008, Ausschuss Feuerwehrangelegenheiten, Katastrophenschutz und zivile Verteidigung, W. Kohlhammer Deutscher Gemeindeverlag GmbH, Stuttgart

Feuerwehr-Dienstvorschrift 7 (FwDV 7) „Atemschutz“, Stand: März 2005, Ausschuss Feuerwehrangelegenheiten, Katastrophenschutz und zivile Verteidigung, W. Kohlhammer Deutscher Gemeindeverlag GmbH, Stuttgart

DGUV Vorschrift 49 „Unfallverhütungsvorschrift Feuerwehren“, Ausgabe: Juni 2018, Deutsche Gesetzliche Unfallversicherung e.V., Berlin

Ehrlich, D.: Fachwissen Feuerwehr „Brandsicherheitsdienst“, 1. Auflage Juni 2012, ecomed SICHERHEIT, Landsberg am Lech

Kemper, H.: Fachwissen Feuerwehr „Atemschutzgeräteträger“, 5. Auflage Februar 2019, ecomed SICHERHEIT, Landsberg am Lech

Kemper, H.: Fachwissen Feuerwehr „Brennen und Löschen“, 4. Auflage Februar 2016, ecomed SICHERHEIT, Landsberg am Lech

Kemper, H.: Fachwissen Feuerwehr „Durchführung des ABC-Einsatzes“, 4. Auflage November 2019, ecomed SICHERHEIT, Landsberg am Lech

Kemper, H.: Fachwissen Feuerwehr „Gefahren der Einsatzstelle – Einsturz“, 1. Auflage August 2015, ecomed SICHERHEIT, Landsberg am Lech

Kemper, H.: Fachwissen Feuerwehr „Gefahren der Einsatzstelle – Elektrizität“, 1. Auflage November 2015, ecomed SICHERHEIT, Landsberg am Lech

Kemper, H.: Fachwissen Feuerwehr „Fahrzeugkunde – Teil 2“, 4. Auflage August 2019, ecomed SICHERHEIT, Landsberg am Lech

KEMPER, H.: Fachwissen Feuerwehr „Gefahren der Einsatzstelle“, 4. Auflage Mai 2011, ecomed SICHERHEIT, Landsberg am Lech

KEMPER, H.: Fachwissen Feuerwehr „Gefahren der Einsatzstelle – Einsturz“, 1. Auflage August 2015, ecomed SICHERHEIT, Landsberg am Lech

KEMPER, H.: Fachwissen Feuerwehr „Gefahren der Einsatzstelle – Elektrizität“, 1. Auflage November 2015, ecomed SICHERHEIT, Landsberg am Lech

KEMPER, H.: Fachwissen Feuerwehr „Grundlagen des ABC-Einsatzes“, 4. Auflage Februar 2021, ecomed SICHERHEIT, Landsberg am Lech

KEMPER, H.: Fachwissen Feuerwehr „Grundtätigkeiten Hilfeleistungseinsatz“, 1. Auflage November 2008, ecomed SICHERHEIT, Landsberg am Lech

KEMPER, H.: Fachwissen Feuerwehr „Grundtätigkeiten Löscheinsatz“, 4. Auflage Juli 2012, ecomed SICHERHEIT, Landsberg am Lech

11 Lösungen

Lösungen zu Kapitel 2.5: 1. b); 2. a), b), c) und e); 3. b) und c); 4. a), b) und d)

Lösungen zu Kapitel 3.3: 1. a), b) und d); 2. a), c) und e); 3. a) und d); 4. a), c) und e)

Lösungen zu Kapitel 4.5: 1. a), c), d) und e); 2. a), b), d) und e); 3. a), c) bis g)

Lösungen zu Kapitel 5.11: 1. a), c) und d); 2. a), c) und d); 3. b) und c); 4. a) und b); 5. b), c) und d); 6. a), b), d) und f); 7. a), b) und c); 8. a), d) und e)

Lösungen zu Kapitel 6.7: 1. a), c) und d); 2. a), b), c) und e); 3. a), b) und d); 4. a) und c)

Lösungen zu Kapitel 7.4: 1. a), d) und f); 2. a), b), c), e) und f); 3. a), b), d) und e)

Lösungen zu Kapitel 8.5: 1. a), b), d) und e); 2. b) und d); 3. b) und c), 4. a), b) und d)

Lösungen zu Kapitel 9.4: 1. a) bis d); 2. a), c) und d); 3. a), b) und d)